电力无人机机场的关键技术与应用

国网福建省电力有限公司电力科学研究院
中国民用航空飞行学院 编

中国电力出版社
CHINA ELECTRIC POWER PRESS

图书在版编目（CIP）数据

电力无人机机场的关键技术与应用 / 国网福建省电
力有限公司电力科学研究院，中国民用航空飞行学院编 .
北京：中国电力出版社，2024. 9. -- ISBN 978-7-5198-
9119-0

Ⅰ . TM7

中国国家版本馆 CIP 数据核字第 2024FE6171 号

出版发行：中国电力出版社
地　　址：北京市东城区北京站西街 19 号（邮政编码 100005）
网　　址：http://www.cepp.sgcc.com.cn
责任编辑：薛　红　赵　杨
责任校对：黄　蓓　王海南
装帧设计：郝晓燕
责任印制：石　雷

印　　刷：三河市航远印刷有限公司
版　　次：2024 年 9 月第一版
印　　次：2024 年 9 月北京第一次印刷
开　　本：710 毫米 ×1000 毫米　16 开本
印　　张：13.75
字　　数：209 千字
定　　价：78.00 元

编写人员

主　编　李文琦

副主编　王仁书　李诚龙　吴文斌

参　编　吴晓杰　梁曼舒　张伟豪　韩腾飞

　　　　陈卓磊　姚书凝　陈伯建　傅智为

　　　　许　军　阮　莹　余德炀　郑　远

　　　　陈文彬　南杰胤　孙　嫱　许家浩

　　　　何　成　杨毓辉　霍庆悦

前　言

　　电力无人机机场（简称机场）可为电力生产用无人机提供停放、能源补给、信息中转传输等服务。机场的引入相当于操作人员与无人机之间增加了一个媒介：在空间上，操作人员通过机场远程操控无人机，延展了操作人员和无人机之间的距离；在时间上，可以实现无人机的即时起降，节约人员赶赴现场、无人机组装和拆卸等时间；在通信及控制方面，机场承担了现场"代理"功能，操作人员的操作指令以及无人机的反馈信息通过机场进行"转达"，从而可实现操作人员和无人机的"解耦"，打破传统的"一机一人"捆绑操作模式。因此，机场的应用可提高无人机在电力生产中的应用效率，减少人力投入，节省电力设备运行维护成本。

　　同时，近年来随着无人机自主巡检规模化应用，依托机场开展无人化、全自主的巡检技术得到大力发展，不同类型无人机以及相应的机场不断涌现，技术也在加速迭代升级。面对种类繁多的机场，在机场相关国标、行标尚未颁布实施的情况下，电力生产人员该如何选择适合的机场、如何适配机场功能与电力运检业务以及生产企业如何优化提升机场性能，成为了机场进一步推广应用需要考虑的关键问题。

　　本书从机场概述、分类及组成、关键技术、典型应用案例、发展展望等方面进行阐述，旨在为电力生产一线人员、相关专业研究者了解机场及其实际场景应用需求提供参考，并为机场生产企业、高校以及有关研究单位提供研发方向建议。

　　本书由国网福建省电力有限公司电力科学研究院李文琦高工主编，负责团队研究成果的梳理和全书的统稿。书籍涉及内容较广，得到了来自电网公司、无人机机场生产企业、高校等单位的大力支持，国网福建省电力有限公司的吴晓杰、傅智为，国网福建省电力有限公司电力科学研究院的吴文斌、王仁书、梁曼舒、张伟豪、韩腾飞、陈卓磊、姚书凝、陈伯建、许军、阮莹，中国民用航空飞行学院的李诚龙、余德炀、郑远，国网福州供电公司的陈文彬，国网天津市电力公司的南杰胤、霍庆悦，国网漳州供电公司的孙嫱，国网泉州供电公司的许家浩，国网湖南省电力有限公司的何成，深圳市道通智能航空的杨毓辉等在素材整理、文稿撰写、内容审核等工作中付出了辛勤劳动。特别感谢深圳市大疆创新科技有限公司专家的指导和支持。本书由国家电网有限公司总部科技项目"输电线路无人机机巢补给保障关键技术研究（5500-202321166A-1-1-ZN）"项目资助。

由于时间、精力有限，虽力求完美，仍难免有疏漏不足之处，还请行业内外专家、学者、同仁与广大读者批评指正。

谨以此书，纪念国网福建电力机巡中心成立5周年。

编者

2024年8月

CONTENTS
目录

第 **1** 章

概　述

　　近年来，作为全球科技革命和产业革命的焦点，无人机凭借着小巧灵活、性价比高、适用范围广、高空作业且不受地形限制等优势，已经广泛应用于各行业。为了进一步提升无人机的无人化、自主化与智能化，无人机机场应运而生。无人机机场的推出与进步，提升了无人机系统的智能化与高效化，解决了无人机在行业应用中的局限性，促进了无人机技术与产业链的日益成熟。

1.1　无人机机场简介

　　无人机机场，也称无人机机库或无人机"机巢"，是为无人机提供通信、监控、充（换）电、起降功能的装置，由主控模块、电气模块、通信模块、监测模块、定位模块、机械结构等组成。基于无人机机场，无人机可被直接部署到作业现场，解决人工携带无人机通勤、远程控制等问题，既能增强无人机应急作业能力，也能大幅提升作业效率。无人机机场的建设和运营旨在满足无人机快速发展的需求，能够为无人机提供存储、防护遮蔽、起飞降落等条件以及提供安全、高效的操作环境等，并具有高度自动化操作的特点。无人机机场不仅提升了任务执行效率，还节省了时间与人力物力成本，同时也保证了任务执行流程的标准化、统一性，促进了无人机行业的发展和应用。由于目前广泛使用小型多旋翼无人机，因此，当前的无人机机场通常采用封闭式舱体设计，融合环境传感器及调节装置，在各种复杂环境下实现与无人机的协同配合，完成远程操控交互、精准起飞降落，自动充（换）电等任务。无人机机场的主要功能包括以下5个方面。

（1）起降功能：无人机机场提供了无人机的起降平台，为无人机提供安全、稳定的起降环境。起降平台通常采用专门设计的回收设施，具备必要的定位导航、归位控制，以确保无人机能够顺利起飞和降落。

（2）充（换）电功能：无人机机场配备充（换）电设施，可以为无人机提供电能补给。无人机通常依靠电池供电，充（换）电设施可以提升无人机续航能力，确保无人机能够持续作业。

（3）数据管理和交互功能：无人机机场配备数据管理系统，用于收集、存储和分析无人机相关数据。这些数据可以包括无人机的航行轨迹、传感器数据、航拍图像等。同时，无人机机场具备网络通信能力和数据交互接口，通过交互接口，数据管理系统可以为用户提供数据查询、分析和共享等功能，帮助用户更好地理解和应用无人机数据。

（4）温、湿度调节能力：无人机机场内部需要配备智能温度控制系统，保持适宜的温湿度，避免无人机在停放时，受到高温、潮湿等环境影响而导致无人机部件故障。

（5）防护能力与气象探测能力：由于机场长期存放在野外，必须具备极强的防护能力，防止动物入侵、外力冲击以及温度变化对设备造成破坏。此外，在无人值守状态下，机场需观测外部实时气象信息，如风速、风向、温度、湿度等气象数据，并自动判断周围环境是否满足无人机安全飞行的要求。

无人机机场的发展历史并不长，但其发展速度却非常快。无人机机场的发展伴随着无人机技术的改进提升，最早的无人机用于军事用途，实施侦察、空中打击等任务，在1935年之前，由于无人机体积较大且起飞后无法返回起飞点，因此当时无人机机场主要用于无人机起飞并且不专供无人机使用，与无人机之间的耦合度低。之后随着无人机的体积不断缩小，尤其是无人机飞控技术的大幅提升，为发展无人机机场提供了基础条件，同时人工操作无人机的局限性逐渐显现，进一步推动了无人机机场的应用和发展，也促使无人机机场从简单粗放、功能单一演进为集约精简、智能高效、功能丰富的系统。近年来，随着无人机在工业、农业、交通、环保等领域的广泛应用，带动了无人机机场在不同领域的应用发展，包括以下7个方面。

（1）物流和运输：无人机机场可以作为物流和运输领域的重要基础设施，用于货物配送和运输，通过机场进行自主起降、充（换）电和维护，实现高效的物流运输。

（2）测绘和勘探：无人机可以搭载各种传感器和设备，用于进行地质勘探、地图制作、资源调查等工作，在测绘和勘探领域具有重要意义。机场为无人机提供了起降和数据管理等支持，提高了测绘和勘探的效率和精度。

（3）灾害应急：无人机可以用于灾情监测、搜救和救援等任务，机场的建设和运营为无人机提供了快速响应和支持的能力，提高了灾害应急的效率和准确性，在灾害应急领域发挥着重要作用。

（4）农业和植保：无人机可以进行农田巡查、作物喷洒等任务，提高了农业生产的效率和精准度。机场的设立为无人机提供了便捷的起降和充电条件，增强了农业和植保的无人机应用能力。

（5）能源领域：无人机机场可以用于电网巡检、风电巡检、光伏巡检、石油管道巡检等场景，提高无人机对巡检目标的巡检频次，对人员难以到达、危险性高的区域进行快速巡检，为能源生产、输送等环节提供安全保障技术。

（6）巡逻领域：无人机能在高空进行大范围的监察，但由于巡逻范围大，无人机无法及时赶赴现场进行取证、跟踪或喊话干预等。通过在巡逻区域内部署无人机机场，可以大幅提高无人机到达现场的及时率，更快地发现高速公路事故、水利河道占用、环境污染等现场随机发生问题。

（7）智慧城市：在数字基建、智慧城市快速发展的背景下，无人机的属性将被重新定义，无人机机场的应用将无人机从航拍工具变成智慧城市的基础设施，对基础设施、自然环境、交通、治安进行网格化管理，无人机自动飞行系统成为新型城市建设数字化、在线化的重要工具。

在无人机机场的发展过程中，固定式无人机机场是最早出现的，主要解决的就是在固定区域内无人机的全自动巡检巡逻工作。固定式无人机机场不仅为无人机提供了一个防尘、防雨、防盗、防外力冲击的保护场所，同时还能为无人机提供充电或更换电池、无人机数据上传服务与载荷自动装卸等必要功能，并附带位置定位、内部温湿度调节、气象监测等模块，为无人机的自动起飞、自动降落、自动正位、自动收纳等过程提供支撑。典型的固定式无人机机场，如图1-1所示。在启动飞行巡检任务时，首先打开机场舱门，同时升降平台将无人机从机场内部送出，为无人机起飞提供足够的空间；然后，无人机自动起飞，并按照巡检作业规划的路线进行飞行巡检；最后，在巡检任务完成后，无人机通过厘米级精度的定位与位置校正，自主降落在无人机机场的区域中央，再由无人机机场将无人机自动收纳。

图1-1　无人机机场

目前，无人机机场通常采用长方体的外观设计，在组成结构方面大概可分为三部分，即机械本体、内部设备与外部设备。机械本体组成包含保护外壳、可自动开闭库门、无人机升降台以及无人机固定机械结构。内部设备包括机场控制模块、充换电系统模块、内部环境监测与调节模块以及地面站模块。机场控制模块即为机库体各组件的控制中枢，保障无人机安全出库与回收。充换电系统模块分为不用更换电池的充电模块以及更换电池的换电模块两种。内部环境监测与调节模块主要考虑到在野外环境中保证机库内温度、湿度的适宜。地面站模块负责远程指挥端与无人机之间的数据传输任务，包含指挥端与自动机场之间的数据传输模块、机场与无人机之间上下行数传和图传数据传输模块，以及作为无人机实时动态测量（real-time kinematic，RTK）、后处理差分（post-processing kinematic，PPK）技术中基准站的定位模块。外部设备包括环境监测设备与光电监视设备。监测设备如气象仪，可自动监测机场周围环境变化，采集各项与无人机飞行性能相关的数据，为飞行安全提供数据参考。光电监视设备则可远程监控无人机与机场当前状态，确保无人机机场良好运行。

近年来，随着无人机技术的进步和应用领域的不断拓宽，无人机机场也不断迅猛发展，突破了在平地上固定应用模式，出现了移动式车载无人机机场。移动式车载无人机自动机场结合了固定式机场的特点，也发挥了移动式车载的机动优势，应用频次和覆盖范围不再局限于固定区域。未来，随着技术发展和应用需求的升级，将出现更多新形态的无人机机场，如船载无人机机场、空中无人机机场等。如图1-2所示，展示了船载无人机机场的应用场景。

图1-2　船载无人机机场

可以预见无人机机场在未来会更加蓬勃发展，将在以下几个方面进一步提升：

首先，无人机机场的自动化程度将进一步提高。目前，无人机机场已经可以实现无人机的自动起降、充（换）电和存储，未来可能还会实现更多的自动化功能，如自动维修、自动清洁等。

其次，无人机机场的规模和数量将进一步扩大。随着无人机在各个领域的应用越来越广泛，对无人机机场的部署规模也将相应增长。随着无人机机场设施的逐渐完善和规模拓展，通过机场数量的"量变"达到业务应用的"质变"：未来的机场将突破目前的"一机一场"模式，机场和无人机之间的关系将进一步解耦，同时在业务应用层面更加多元化，如无人机机场和无人机的分离运营，并且支撑多个行业应用。

再次，无人机机场的智能化和网络化将进一步深化。无人机机场将配备更多的智能设备，如温湿度控制系统、气象探测设备等，以适应各种复杂的环境条件。同时，无人机机场也将与云计算、大数据、物联网等技术深度融合，实现无人机的远程控制、数据分析和优化等功能。

最后，无人机机场在业务应用层面将与各个行业实现更加紧密地结合，在"专"和"共"方面齐头并进。一方面无人机机场的专业性更加凸显，根据不同类型和应用需求，发展出更多特定的类型，如电力无人机机场、农业无人机机场、交通无人机机场、环保无人机机场等；另一方面无人机机场的共用性也将提升，无人机机场作为一种可复用的设施，通过对不同应用的共性需求整合，实现同一机场对接不同的应用场景，可避免无人机机场的重复建设，最大限度发挥其应用价值。

总的来说，无人机机场作为"空中"和"地面"的转载体，未来发展前景十分广阔。无人机机场不仅能提高无人机的使用效率和安全性，还能打造新的应用模式，推动相关技术的进步和应用的拓宽，对于推动社会的数字化、智能化进程具有重要的意义。

1.2　电力无人机及电力无人机机场的作用

电力能源领域由于具有分布范围广、安全运行要求高、环境复杂等特点，近年来广泛使用无人机开展相关的巡检作业，利用无人机搭载可见光、红外、激光等设备的巡检作业及数据分析，开展光伏阵列热斑排查、风机叶片缺陷检测、电网线路缺陷巡检等，形成一套较完整的作业流程。无人机灵活、轻便、机动的特性，大幅降低了现场巡检人员的作业难度，但大范围使用无人机的背后是大量操作人员的支撑。这种人员与无人机的绑定作业模式，不仅消耗大量的造成人力资源，而且也限制了现场作业质效的进一步提升。

以电网线路的巡检为例。随着国民经济的快速发展，对电网稳定性和可靠性的要求越来越高，而且近年来电网规模日益扩大，输电距离不断延伸，线路走廊环境愈发复杂，极易发生因山火、雷电、覆冰、工业污秽、人为破坏等不可预测因素导致的缺陷或故障，需要加强线路巡检工作以及时发现线路中存在的安全隐患。伴随着遥感遥测、传感器、物联网、人工智能等先进技术的发展，采用无人机的巡检方式给电网设备巡检工作带来了新的平台与视角，并且大幅提升了现场巡检的作业效率。据不完全统计，仅一个网省公司一年的无人机巡检里程在数十万千米以上，大量人员需要长时间在户外操控无人机完成线路巡检，而且在特殊情况，如台风风灾后，存在人员无法进入现场巡检的问题。因此，迫切需要引入无人机机场，通过在电网线路部署无人机机场，配合无人机的自主巡检功能，有效缩短电网线路的巡检周期，提高电网线路的规范性、统一性和缺陷发现效率，并且具备特殊情况下了解电网线路状态的能力。近年来，一些无人机应用公司如深圳市大疆创新科技有限公司（简称"大疆"）、北京云圣智能科技有限责任公司（简称"云圣智能"）、广州中科云图智能科技有限公司、江苏方天电力技术有限公司（简称"方天电力"）、上海复亚智能科技有限公司等公司也开始提供解决方案。目前，常见的无人机机场系统的组成架构如图1-3所示。

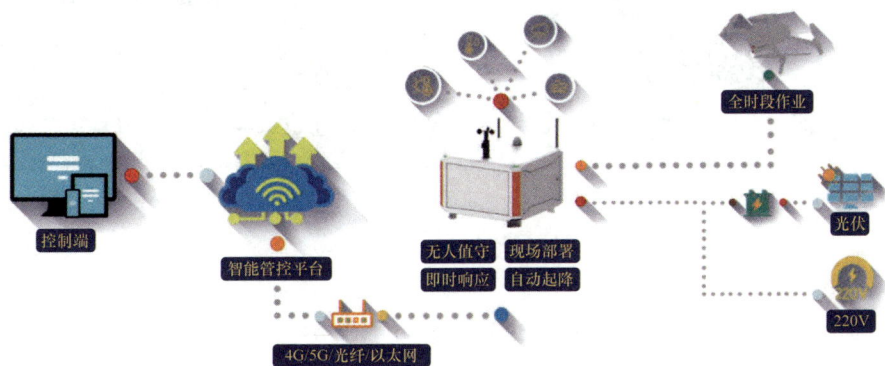

图1-3　常见的无人机机场系统的组成架构

在应用初期，机场系统存在智能化不足、可靠性不高、功能不全面等问题。但随着技术的不断进步和研究的深入，电力无人机机场也不断提升、优化。

1.2.1 电力无人机巡检的发展与面临挑战

1939年9月，伊戈尔·西科尔斯基制造出了第一架直升机，仅在20世纪50年代初期，西欧、美国、加拿大等一些工业发达的国家和地区就开始依托自身先进的技术手段研究利用直升机进行线路巡检、带电作业等工作，这是电力无人机巡检的雏形。

最早采用无人直升机进行线路巡检工作的是英国。1995年，英国的威尔士大学和仪埃电力咨询公司开始联合研制输电线路巡检飞行机器人，该机器人是在Sprite无人直升机的基础上进行改进研发的，其巡检系统包括了微型直升机、检测系统、地面控制系统、导航系统、数据通信系统。此巡检飞行机器人上安装了高分辨率的彩色CCD摄像机，实现了基于视觉的导航和输电线路跟踪和在线检测。随着英国无人直升机巡检的成功应用，美国、澳大利亚、德国、西班牙、法国等国逐渐对无人机巡检开展进一步的研究（见图1-4）。

（a）西班牙Alpha 800无人直升机　　　　　（b）法国Copter City无人直升机

图1-4　国外无人直升机

在国内，中国南方电网有限责任公司于2004年首次启用直升机开展线路巡检，开创了我国电力作业新局面。2009~2015年，国内逐渐推广无人机巡检试点工作，推进"人巡为主、机巡为辅"的作业模式。其中，国网福建省电力有限公司将工作重心放在大型无人直升机巡检可行性的探索，并提出远距离巡检时采用中继方式进行通信的思路；国网山东省电力有限公司主要研究了中型无人机巡检技术的应用；华北电力大学深入研究了输电线路导线断股检测、弧垂测量、线路覆冰检测、绝缘子分割及缺陷检测等关键性检测技术。此外，国网辽宁、青海、吉林、浙江电力，中国电科院以及国内各大高校都在深入探索无人机巡检图像的缺陷智能识别技术研究。2013年4月，国家电网公司（简称国网公司）选取国网山东、冀北、山西、湖北、四川、重庆、浙江、福建、辽宁、青海电力等10个单位为试点单位，开展无人机巡检试点工作。此后，国网公司开始在各单位推广无人机巡检应用，且于2019年发布了"实现输电线路巡检模式向以无人机为主的协同自主巡检模式转变"的目标。无人机正以其高效、灵活和安全的特点，逐渐成为电力行业的重要工具，在电力设施的建设、巡检维护、图像采集等方面发挥关键作用。

（1）电力设施建设。无人机可以用于电力设施的勘察、测绘和规划。无人机产品在电力设施建设中起到了重要的作用。无人机可以通过搭载高分辨率相机、激光雷达等传感器，快速获取电力线路、变电站和输电塔等设施的精确数据，为电力设施的规划和设计提供准确的基础信息。

（2）巡检维护。无人机在电力设施的巡检和维护中具有独特的优势。无人机可配备热成像相机，辅助发现电力设备中的故障和热点，预警潜在的问题。此外，无人机还可以通过飞行自动化系统和高精度的定位技术，实现电力线路的全面巡检，减少人工巡检的工作量和风险。

（3）图像采集。无人机采集的图像数据具有像素大、清晰度高、拍摄角度全的优势，利用计算机视觉和图像识别技术，可以识别电力设备的状态、故障和异常情况。这些信息可以帮助电力公司及时发现问题并采取相应的措施，提高电力设备的安全性和可靠性。

截至目前，无人机巡检已在全国范围内的电力相关领域得到广泛应用，尤其是在电网线路的日常巡检、故障巡检、特殊巡检、线路勘察验收等场景中，结合图像电子稳像技术、自动跟踪技术、激光探测及测距（light detection and ranging，LIDAR）三维重建技术、人工智能图像识别等技术，让无人机成为了电网线路巡检"多面手"：日常巡检时，无人机系统可搭载相应的检测设备对输电线路导线、地线以及杆塔上的金具、绝缘子、线路走廊等设施进行常规检查，并迅速识别故障类型与情况；故障巡检时，无人机系统将根据故障信息有效、快速查找故障点及其他异常的情况，对于由输电线路异物引起的故障，无人机可搭载激光模组、喷火设备等异物清除器进行异物清除；特殊巡检时，利用无人机开展安全隐患排查工作，可完成灾后巡检、鸟害巡检、外破巡检、树竹巡检等特殊巡检作业；线路勘察验收时，无人机系统搭载可见光、红外、激光雷达等设备，获取输电线路走廊地形地貌、线路杆塔位置、三维模型等信息，实现输电线路勘察、施工质量检测等线路验收工作。

电力无人机巡检技术的发展不仅提高了巡检效率，降低了人工巡检的风险，还能更精确地发现线路受损区域，使得巡检数据更加完整。具备的优势包括：

（1）提高巡检效率。无人机的使用极大地提高了电力巡检的效率。传统的电力巡检方式，一名巡检人员一天一般只能检查6~10个基杆塔，而无人机巡线一天可以检查30~40基杆塔，效率提升显而易见。此外，无人机还能跨过地形复杂的崇山峻岭，更为精确地排查人工难以发现的线路受损区域。

（2）降低安全风险。无人机的使用极大地降低了电力巡检的安全风险。传统的电力巡检方式，巡线员需要先爬上高达30~60m，甚至百米的电线铁塔，这对于巡线员来说是一项风险极大的工作。而无人机可以在空中进行巡检，大大降低了巡线员的安全风险。

（3）提高巡检精度。无人机可以获取多角度、高精度的图像，使得巡检数据更加完整，从而更清楚地对巡检状况进行研判。此外，无人机还可以通过红外相机等设备，帮助巡检人员在短时间内完成过去需要较长时间的人工登塔测温检测工作，工作效率提升了4倍。

然而，尽管无人机在电力巡检中的应用已经取得了显著的成果，但仍然存在一些问题和挑战。

（1）续航能力不足。无人机普遍存在着续航能力不足的缺点，多数无人机体积较小，载重能力有限，续航时间仅为半小时左右，当遇到长线程作业时难以高效完成巡检任务。当环境温度较低时，电池的效能大打折扣，本就不突出的续航能力进一步受到了限制。

（2）负载承重有限。无人机作为巡检作业中信息采集、异物清除等设备的载体，自身体积不大，因此所搭载的设备重量也受到一定的限制。同时，由于体积和重量的束缚，无人机无法配备容量更大的电池，这也限制了无人机的续航能力。

（3）极端环境适应力差。无人机巡检在高海拔地区和风雪天气的适应力较差，此时温度相对较低，无人机的各个组件，特别是电子器件、摄像头、电池的运作会受到影响，续航能力也将下降，导致无人机的稳定性和效率无法保持正常水准，其飞行安全和作业能力将受到巨大挑战。

（4）信息处理技术仍需提升。无人机的应用提高了现场巡检采集作业效率，但是作业后的海量数据处理成为关键难点之一，目前巡检图像缺陷识别算法水平仍然无法完全替代人工识别。

（5）法规问题。在无人机的使用过程中，需严格遵守相关法律法规。例如，无人机的飞行高度、飞行区域、飞行时间等都需要遵守相关的法规，如果无人机的使用违反了法规，可能会导致罚款甚至停飞的后果。

（6）电力无人机操作员存在缺口。电力设备巡检工作对无人机操控员的心理素质、技术水平、作业资格等方面提出了新的要求，操作人员需要进行培训且通过考核后才能允许执飞作业，而人员培训具有相对滞后性，导致目前电力无人机操控员存在结构性缺口。

无人机的应用给电网巡检带来了一场深刻的变革，巡检人员也切实体会到了无人机给巡检工作所带来的便利。但就在巡检人员大量使用无人机的同时，电网作为无人机应用的先行者其实已经率先进入技术变革的升级拐点，无人机的续航、拍摄图像的分析处理、巡检规范性的保障以及巡检人力的进一步节省等问题，是对电力无人机提出的新要求，也是无人机应用面临的新挑战。如何在现有的无人机技术和应用模式基础上，进一步释放生产力，打造更便利、更系统、更高效、更具价值的无人机应用新模式，成为了被关注的新方向。

在自动化方面，随着自动控制、人工智能等技术的发展，无人机的自动化程度将会进一步提高，如无人机可以通过预设的飞行路线自动进行巡检，无需人工操控，同时无人机还可以通过人工智能技术自动识别巡检目标并对目标进行准确拍摄，提高巡检的精度和效率；在集成化方面，未来的无人机将会集成更多的功能，如红外测温、超声波检测、激光雷达测距等，使得无人机能够完成更多的巡检任务。在数字化方面，随着大数据、物联网、云计算等技术的发展，无人机巡检技术的数字化程度将更高，如巡检任务的制定和下发、巡检过程的飞行管控、巡检结果的汇总分析等采用线上管控方式，实现无人机巡检作业的全流程数字化管控，并且大幅提升巡检结果的集中汇总分析效率。

电力无人机机场为探索解决这些问题而诞生。电力无人机机场在承载无人机的同时，更是一种数字技术新阶段的典型代表，兼具了智能物联能力、全流程闭环作业能力、云边协同的前端能力，既是前端作业单元，更融入了云端算力，实现更深度、更广域、更可靠的人工替代，为拓展电力无人机的应用提供了一种高效、可行的方案。

1.2.2 电力无人机机场的主要作用

随着无人机巡检的规模化应用，其续航能力差、环境适应力低下、操作员技术水平要求高等缺陷逐渐显露，如果要分别解决上述问题，其时间、费用等成本较高。而电力无人机机场（简称机场）的出现在技术层面为上述问题的快速解决提供了可行方案。机场通常具备远程操控无人机、遮蔽防护无人机、协同配合无人机起降、无人机电池充电或更换电池等功能。机场的应用可以有效解决现有无人机巡检作业中面临的无人机续航时间短、操作人员结构性缺员、巡检作业不规范、人员赶赴现场导致作业效率低以及增加成本等的问题。此外，如图1-5所示，在机场本体基础上，进一步叠加精准定位、图像识别、远程监控、AI业务自动处理等功能，实现无人机、机场与电网巡检作业的深度耦合，将对提升电网巡检作业质效产生里程碑式的意义。

机场对电力巡检的意义主要包括以下3点。

1.全方位提升无人机巡检能力

无人机机场最主要的功能之一是实现无人机的自动充/换能。充电或更

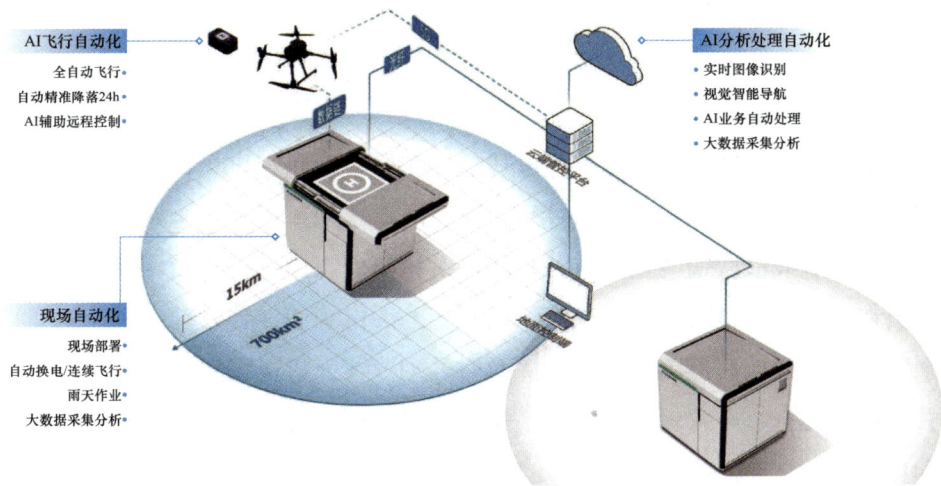

AI飞行自动化
全自动飞行
自动精准降落24h
AI辅助远程控制

AI分析处理自动化
· 实时图像识别
· 视觉智能导航
· AI业务自动处理
· 大数据采集分析

现场自动化
现场部署
自动换电/连续飞行
雨天作业
大数据采集分析

15km

700km²

图1-5　机场可附属功能示意图

换电池功能可提升无人机的连续作业能力，实现"蛙跳"式（无人机停落不同的机场进行能量补充）飞行，如在输、变、配电巡检作业中，电池电量不足的无人机可降落至最近的机场完成无人机电池的充电或更换，大幅扩展无人机巡检作业范围。通过机场可远程操控无人机起飞、降落，无需人员到达现场进行无人机本体的拆装工作，确保无人机进行高频次、密集型的巡检任务。同时，无人机机场为无人机创造全天候恒温恒湿的存放空间，在偏远地区、环境恶劣的巡检任务中，解决了人工携带无人机的难点。当遇到极端雨雪天气时，机场还可通过气象信息的观测来评估无人机起飞作业的可行性，并能最大限度利用作业窗口期完成巡检任务。因此无人机机场的出现全方位提高了无人机巡检效率和智能化水平。

2.推进输、变、配无人机自主巡检

电力无人机机场可为无人机进行服务，无需人为干预实现无人机的值守，在无人机巡检特别是变电站无人机巡检中，航线规划极为重要，些许的偏差可能就会引起重大事故，无人机机场可以让无人机依照航线进行巡检作业，自动化的流程避免了人工操作的失误，大大提高了巡检的可靠性和安全性，实现巡检模式由"机巡＋人巡"协同巡检向以无人机为主的全自动自主巡检模式转变，达成了真正的"无人化"巡检。依托机场平台化管理，巡检

作业流程减少现场巡检人员的介入，一方面减少对人员素质水平的依赖，另一方面能够更加规范管理巡检作业。

3.提升数据处理时效性

在变电站、巡检站、重要输电通道等路段布置固定机场，由电网业务端统一发送巡检任务和要求，软件平台可定时、定期控制无人机一键起飞，按照预设的航线依次巡飞任务点，机场可对拍摄的图像进行自动化处理，运维人员在指挥中心也可查看无人机实时回传的图像画面，若发现问题，立即将缺陷数据告知检修班组，实现故障及时处理。无人机机场对电力线路定期巡检、应急巡查，不仅保证了巡检效率和质量，同时还提高电力线巡检作业自动化程度，对推动电力无人机巡检规模化发展有着重大的意义。

1.3 电力无人机机场的概况

国际方面，美国、以色列、日本等国已研制了自动化的无人机机场，广泛应用于通信设施巡查、物流配送消防监测、应急搜救以及国防军事等用途。大量电力能源公司及无人机机场运营商纷纷取得超视距（beyond visual line of sight，BVLOS）许可，开展变电站、发电站等场景无人机机场应用。2022 年 4 月，美国能源公司 Dominion Energy 获得美国联邦航空管理局许可，允许对 7 个州的 40 多个发电站/变电站进行 BVLOS 无人机巡检；2022 年 5 月，日本可再生能源公司 afterFIT 获日本国土交通省许可，在夜间开展 BVLOS 无人机巡检；2022 年 6 月，无人机方案解决商 Percepto 为美国佛罗里达州电力与照明公司的变电站部署机场，成为美国第一家在全州范围内部署无人机机场的电力公司，也是首次在城市环境中使用无人机机场进行基础设施巡检。Percepto 第一阶段在西棕榈滩地区部署 13 套机场，后续计划在五年内部署超过 200 套机场，来开展变电站的智能巡检，减少故障排查响应时间；2023 年 6 月，美国公用事业公司南方公司与无人机制造商 Skydio 联合，获得 FAA 全国范围内 BVLOS 许可。

国内方面，我国无人机产业发展迅速。无人机机场已在中国的上千座变电站得到应用，涵盖 110、220、500、750、1000kV 等各电压等级变电站。其中中国南方电网有限责任公司较早开展无人机机场研制及应用，以旗下的南网科技公司为例，其提供的无人机及配套智能机库系列产品，支撑广东电网实现省级电网变电站无人机自主巡检全覆盖，2022年在变电站部署简易机场（机库）1600余套，累计执行巡检作业5.3万余架次，拍摄照片203.8万余张，开展广铁集团广州花都牵引站无人机机库部署，取代人工对铁路牵引变电站进行巡检，实现首个跨行业试点应用。国网公司部署的无人机机场数量也已突破1000套。随着规模化应用的开展，目前所使用的机场类型也呈现出多样化的趋势，已有的类型包括了多旋翼单机式固定机场、多旋翼双机式固定机场、驻塔式固定机场、车载移动式机场、垂直起降固定翼机场等，如图1-6~图1-10所示。

图1-6　多旋翼单机式固定机场

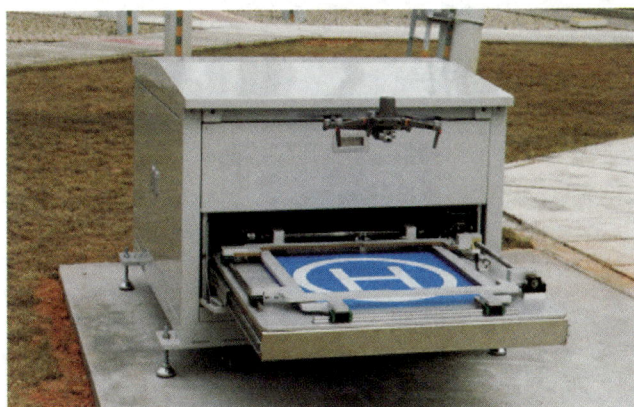

图1-7　多旋翼双机式固定机场

图1-8　驻塔式固定机场

图1-9　车载移动式机场

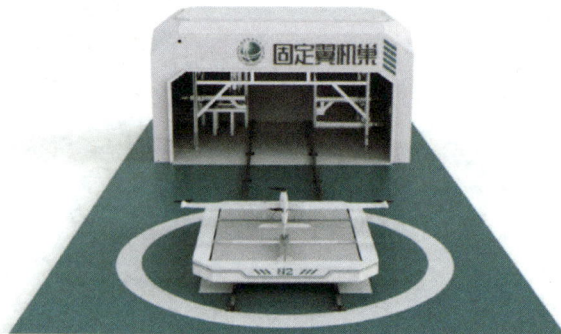

图1-10　垂直起降固定翼机场

　　综上所述，电力无人机机场在电力能源领域的应用越来越广泛、多样，在电力巡检、维护和修复、故障排查、输电供电管理以及灾害救援等方面发挥着重要作用。无人机机场也在不断深化与行业需求的结合，通过集成数智技术实现快速迭代升级，持续推进软硬件系统与作业场景的深度融合，形成自动化、常态化、可复制、易推广的无人化运营体系。目前，"电力无人机机场的发展将推动电力行业的智能化和现代化，提高电力运维的效率和质量"正逐渐成为共识。未来，随着技术的不断创新和发展，电力无人机机场的应用将具有更加广阔前景。

第 2 章

电力无人机机场分类及组成

2.1 机场类型划分及其特点

不同场景下的无人机应用引入具有不同功能的无人机机场，而这些机场之间的划分标准并不唯一。目前，无人机机场通常根据其适配无人机类型、重量、电能补给方式、部署类型等方面来进行分类，如按照适配无人机类型可分为多旋翼无人机机场、垂直起降复合翼无人机机场；按适配无人机尺寸可分为轻型无人机机场、小型无人机机场、中型无人机机场、大型无人机机场；按无人机电能补给方式可分为充电式无人机机场、换电式无人机机场；按部署类型可分为固定式无人机机场、移动式无人机机场。在不同的应用场景下，选择合适的机场类型可以在保证经济性的前提下有效提升工作效率。因此，本小节简要阐述几类主流的无人机机场类型及其特性，并希望能为读者提供实际业务需求的参考。

2.1.1 按适配无人机类型分类

根据无人机的类型和尺寸，机场一般分为轻型、小型、中型、大型无人机机场。

1. 轻型无人机机场

轻型无人机机场是指适配轻型无人机的机场。轻型无人机空机重量不超过4kg且最大起飞重量不超过7kg，最大平飞速度不超过100km/h，具备符合空域管理要求的空域保持能力和可靠被监视能力，全程可以随时人工介入操控的无人机，但不包括微型无人机。目前电力场景主要应用轻型多旋翼无人机包括大疆御系列、M30、道通 EVO II 等系留无人机。这类无人机具备了可见光和热成像拍摄能力，续航时间为 30~50min。在复杂的飞行环境下，轻型无人机相较于大型无人机具有更高的灵活性和安全性，能够更好地适应不同的环境和巡检任务需求。相应地，轻型机场通常具有成本经济、体积小、重量轻等特点。这些特点对于机场的部署选址更加友好，适配范围也更广。得益于轻型多旋翼无人机的轻巧灵活特性，目前轻型多旋翼无人机机场重量已经达到 35kg 及以下，体积达到 $0.2m^3$ 以下，且正向着越发小型、智能化的方向发展。

虽然轻型机场具有许多的优点，但也存在一些局限性，例如抗风性能和挂载能力相对较弱，这可能会对其应用场景造成些许限制。此外，轻型机场的作业时间和承重能力也受到限制，这可能会导致其不适用于特种应用。为了克服这些局限性，研究人员已经开始探索新的解决方案，例如利用高强度材料增强轻型无人机的结构稳定性，采用更先进的空气动力学技术提升轻型无人机的飞行效率和能力，以及研发更加智能化的混合传感器相机来适应不同类型的电力设备巡检任务，从而提高轻型机场系统的整体作业效率。

当前，电力无人机机场已呈现出以高度集成化、小型化及智能化的融合为发展趋势。未来，随着机械制造、集成电路以及人工智能等技术的发展，轻型机场将超越现有局限，为电力巡检提供更为多样、高效的无人机巡检解决方案。

2. 小型无人机机场

小型无人机机场是指适配小型无人机的机场。小型无人机，是指空机重量不超过 15kg 且最大起飞重量不超过 25kg，具备符合空域管理要求的空域保持能力和可靠被监视能力，全程可以随时人工介入操控的无人机，但不包括微型、轻型无人机。目前电力场景主要使用的机型有大疆 M300RTK、M350RTK 多旋翼无人机及道通、纵横、远度等厂商垂直起降复合翼无人机。

目前小型多旋翼无人机通常具备可更换负载的能力，可搭载可见光变焦、激光雷达、红外、紫外等镜头，具有很好的拓展性，可以在广阔的区域内进行多任务巡逻和巡检，例如，通过挂载激光雷达来进行点云建模，挂载测绘相机来进行高清高精度倾斜摄影三维重建，或者是挂载夜视相机来进行应急搜救等。在实际业务场景中，还可以根据实际场景需要进行云台挂载的更换或者其他辅助设备的配置，如爆闪灯、探照灯、喊话器、应急救生装置等，以此应对实际作业的需要。目前主流小型多旋翼无人机续航时间为40~60min，介于机身重量的增加，有更多空间可以提高飞行可靠性、提升冗余度，如采用双电源模式供电、采用双RTK定位，因此小型多旋翼无人机具有更高可靠性、更好拓展性，在输电线路巡检中具有较多应用。

小型垂直起降复合翼无人机如纵横CW15、道通龙鱼、远度ZT-16V等，航时可达到1~3h，通常用于大范围灾损排查、重要输电通道巡检等。

但是，为了适应更大的机型及更多的功能，相对于轻型无人机机场，小型无人机机场尺寸、重量难以避免增长，目前主流小型无人机机场重量在300kg以上，部分可更换负载、更换电池的机场重量超过1t，尺寸通常大于1.5m×1.5m×1.5m，是小型机场的10倍以上，为安装部署、运维保护带来了困难。另一方面，根据现行无人机相关法律法规，小型无人机在120m真高以上飞行作业需申报空域，航线需提前报备。同时小型无人机翼展通常在0.8m及以上，为了降低机身重量，采用较多碳纤维等导电材料，在电力场景中飞行作业安全性需进一步提升。

3. 中、大型无人机机场

中、大型无人机机场，适配中、大型无人机。其中，中型无人机，是指最大起飞重量不超过150kg的无人机，但不包括微型、轻型、小型无人机。大型无人机，指最大起飞重量超过150kg的无人机。

中、大型机场的无人机通常尺寸超过2m，因此对选址部署有更高的要求。相较于轻小型机场，大型机场具有更长的续航时间和更高的承载能力，在长距离巡检灾害等特殊场景下更为适用。然而，大型机场的局限性在于成本较高、体积较大、不具备灵活性，在复杂环境下很难使用大型无人机。

在大部分的巡检场景中，轻小型无人机基本可以满足需求。实际业务场景中，用户可以在相对空旷、巡检面积较大的区域适量配置大型机场，以提高任务的效率和水平。对于需求具有特殊性、面积较大、需要长时间巡检的场景，大型机场是一种不错的选择。

总体来说，无人机机场的选择应该根据实际业务需求、任务场景、地形地貌和环境条件等因素进行评估和比较。轻小型机场具有灵活性高、成本低等优势，是电力场景应用的主流机场。而中大型机场则适用于一些需要较强承载能力、长飞行距离或者特殊负载需求的场景。

2.1.2 按照无人机电能补给方式分类

无人机机场按照无人机电能补给方式不同可分为充电式无人机机场、换电式无人机机场两种类型。充电式无人机机场通过接触触点或无线供能方式自动为无人机充电。换电式无人机机场通过机电机构自动更换无人机电池方式为无人机换电，通过配备电池更换装置，实现电池的全自动更换，无需人工操作。

充电式机场通过加装简易接触式充电结构，实现电能补给，具有结构简单、载机易适配，后期易维护、升级成本低等优点，但单次充电需要约40min，飞行时长通常为30~40min，无法进行持续性飞行巡检作业。换电式机场利用机械臂进行电池更换，可实现24h不间断巡检，但换电结构复杂载机适配性差，后期维护更新成本高。

1.充电式无人机机场

全自动充电机场通常采用电池探针充电和无线电能传输两种充电方式，其中充电探针的原理和实操相对直观，在多旋翼无人机的充电方案中，通常将充电探针集成在机场停机坪上的推杆中。当无人机降落回机场停机坪时，推杆会帮助无人机回归到中心位置，并且探针会自动对接无人机电池接口，实现充电功能。需要注意的是由于触电触头经常暴露于空气中，需考虑防腐、防短路措施。

无线电能传输技术主要分为磁场感应式无线电能传输与电场感应式无线电能传输。其中磁场感应式无线电能传输技术目前已经广泛应用于手机、电动汽车、电动牙刷等消费类电子设备供电。无线电能传输技术目前尚处于发展阶段，其中无线充电联盟（Wireless Power Consortium，WPC）提出的Qi标准得到广泛应用，但为保障充电效率，目前无线电能传输距离通常不超过线圈直径的1倍。尽管自2008年MIT已经实现2m远距离磁耦合谐振式无线电能传输，但因达到耦合谐振要求较高，线圈尺寸及损耗优化尚未达到远距离无线供能工业级要求。电场感应式无线电能传输对电压波动敏感性较高，在高压线路上使用需要考虑防雷、高压绝缘、电压波动等问题，目前实际应用较少。现阶段磁耦合谐振式无线电能传输已经初步应用至无人机机场，保障了无人机防水防尘，提升飞行可靠性。

充电式机场通常结构简单，成本较低，便于维护，其局限性是充电需要用户等待一定时间才能完成补能。目前研究人员也在不断研究无人机电池快充技术、大功率远距离无线电能传输技术，使充电效率不断提高。

2.换电式无人机机场

全自动换电机场采用机械换电方式进行，即通过机械工程手段，在机场内完成对无人机电池的自动取装。一个典型的任务流说明如下：

（1）当日首次进行巡检任务，因巡检无人机上无电池，故进行首次装电池操作。根据智能控制系统的电池电压、电池使用次数和电池序号判断，选择合适的电池装入巡检无人机的电池舱中；

（2）在之后的巡检任务中，会先取出巡检无人机中的电池放入空载电池舱中充电或等待充电，再通过智能控制系统获取电池信息，选择合适的电池装入巡检无人机内，即取装电池动作。全自动换电机场的机械换电操作流程如图2-1所示。

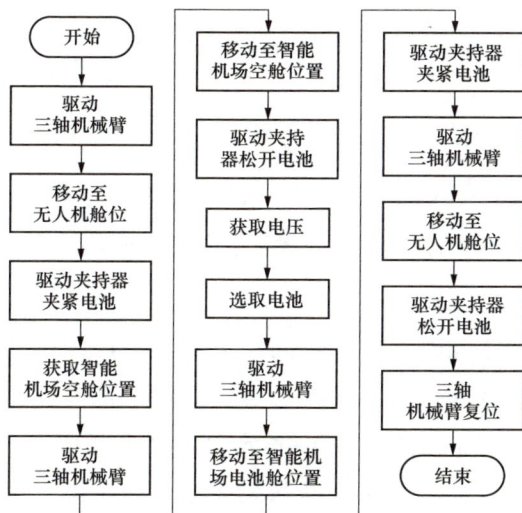

图2-1　全自动换电机场的机械换电操作流程

全自动换电机场通常几分钟内就可完成换电工作，这使无人机可以更快地复飞，完成高效率轮转作业。换电机场的局限性是结构相对复杂，目前重量整体高于300kg，维护要求高，难以小型化。随着研究人员在结构上不断改进，换电式机场的可靠性和成本也在不断优化进步。

2.1.3　按机场部署类型分类

无人机机场作为无人机作业的基础设施，按部署类型分为固定式机场和移动式机场两种。固定式机场通常建立在任务需要提供长期、稳定的无人机服务作业区域。这些机场部署位置拥有完整的基础设施和设备，能够满足复杂的无人机作业需求。而移动式机场则针对一些临时性、短周期的任务需求而设计，其优势在于能够随时随地快速部署或随车使用，支持快速响应各种紧急事件或不定期需求。

固定式机场目前主要部署在变电站及供电所内，具备养护成本低、可靠性高等优点，但存在巡检范围小、部署地点不灵活等问题，其中驻塔机场有效解决了机场防盗、防外力破坏等问题，但存在施工难度大、取电难、后期维护难等问题；移动式机场扩展了机场的巡检半径，实现了一场多地巡检，但移动巡检过程中的道路颠簸造成设备可靠性低。在实际应用中，通过固定式和移动式机场的有机结合，无人机的应用将更加广泛和普及化，同时也将带动相关技术的进步和应用场景的拓展。

1.固定式机场

固定式机场是早期应用的一种形式，主要应用于特定区域内的全自动巡检和巡逻工作。由于无人机的飞行能力，固定式机场通常适用于较小的区域范围，比如3~5km半径的区域，可以满足变电站巡检、高速交通巡逻、水利环保巡逻等场景需求。

固定式机场操作范围和效率较高，具有灵活性和机动性，能够为用户提供高质量、高效率的巡检和监控服务。同时，部署固定式机场时，选址是一个非常重要的因素，需要综合考虑信号遮挡情况、供电、接地和网络链接等多个因素。而且需要考虑防盗等安全问题。固定式机场可以让无人机在完成巡检任务后自动降落在机场中充电，待电池充满后，再自行升空，沿设定的路线继续执行巡检任务，是一种仅需少量人工远程干预的半自动蛙跳式巡检模式，高度契合无人机自主巡检需求，具有较好的应用前景。但固定式机场还面临供能及部署位置问题，国网公司发明了一种安装于杆塔地线横担的机场，采用光伏供能，但其整体重量较大，对杆塔有一定影响，因此更倾向于将固定式机场部署在变电站中。目前常见使用的固定式机场主要是多旋翼无人机固定式机场和垂直起降固定翼无人机固定式机场，如图2-2所示。

（a）多旋翼无人机固定式机场

（b）垂直起降固定翼无人机固定式机场

图2-2　目前常见的固定式机场

由于固定式无人机自动机场具有覆盖面相对有限的特点，因此其主要应用于一些高频率的应用场景，发挥着极大的价值，满足了市场的实际需求。随着无人机技术的不断发展和应用场景的不断扩展，无人机机场的建设和管理也不断完善和创新。今后，固定式无人机机场将更加普及，同时也将不断优化和更新技术，提高无人机的应用性能和适用范围，为各行业提供更加高效、安全、智能化的无人机服务。无人机机场将会与人工智能、物联网、云计算、大数据等技术相结合，开创更加广阔的无人机应用前景。

2.移动式机场

目前，除了固定式无人机机场外，移动式机场也成为了一个备受关注的话题。无人机移动式机场可以在实际工作场景中快速部署，随时响应各类紧急事件或不可预测的需求。同时，移动式机场也可以安装在车辆上，实现车载式移动机场，进一步增强了其灵活能力。这种方式适用于临时性、短周期的任务需求，非常适合处理突发事件或应急任务。图2-3所示为一类移动式机场的形式。

图2-3　移动式机场

移动式机场典型工作方式为巡检人员事先设定巡检任务并生成飞行轨迹，无人机自动升空，按既定路线完成巡检工作后自动返航，自主降落于机场中进行充电或由人工更换电池，当前区域完成巡检后，机场随巡检车辆前往下一区域。移动式机场本质上是一个无人机存储、运输及充电装置，并可集成通信中继、数据处理、能源管理等功能，一定程度上提高巡检工作自动化程度，缓解续航问题。移动式机场核心要解决的问题有异地起降、无网络信号下定位等难题，同时车载设备有更高的电磁兼容、可靠性要求。目前移动式机场的实际应用仍有较多问题有待解决，实用性提升空间较大。

　　未来，随着无人机技术的不断发展和应用场景的不断拓展，无人机机场的形式和功能将会不断地多样化和优化，为各行业领域提供更加高效、智能化的无人机作业方案。

2.2　硬件结构及各部件的功能

　　不同类型机场的组成结构存在部分差异，但无人机机场的关键构成相似，以下将以固定式无人机机场为例，进行硬件结构及各部件功能的阐述。

2.2.1　总体架构

　　无人机机场总体架构包含机场外体和内部模块两大部分，旨在为无人机提供安全、便捷的停放、起降和存储环境。

　　机场外体包含保护舱盖外壳、无人机停机坪、开合机械结构、气象监测模块和监控模块等。保护舱盖外壳为无人机提供安全保护，保证在大风、暴雨等恶劣天气或紧急情况下，无人机能够得到良好保护。停机坪为无人机提供合适的起飞和降落区域，保证无人机平稳工作。开合机械结构便于舱门自动开合，使无人机起降更加高效。气象监测模块通过气象设备监测周围环境变化，及时掌握当前环境状况，为飞行安全提供数据参考。监控模块通过监视设备，实现无人机机场的远程监控，确保机场运行和无人机状态的可视化。

　　内部模块有机场主控模块、充换电模块、无人机图传模块、RTK 基站模块、空调模块以及电机驱动器等模块。机场主控模块是机场内部各模块的控制中枢，负责控制整体系统逻辑。充换电模块分为充电模块和更换电池的换电模块两种，以满足无人机电能补给的需求。无人机图传模块用于无人机和机场的实时通信控制。RTK 基站模块为机场提供厘米级定位服务。空调模块可按照无人机及周边环境要求，控制机场内的温湿度等环境参数，保障无人

机在不同环境条件下的稳定性和安全性。一个典型的机场总体结构及其与无
人机之间的交互方式，如图2-4所示。

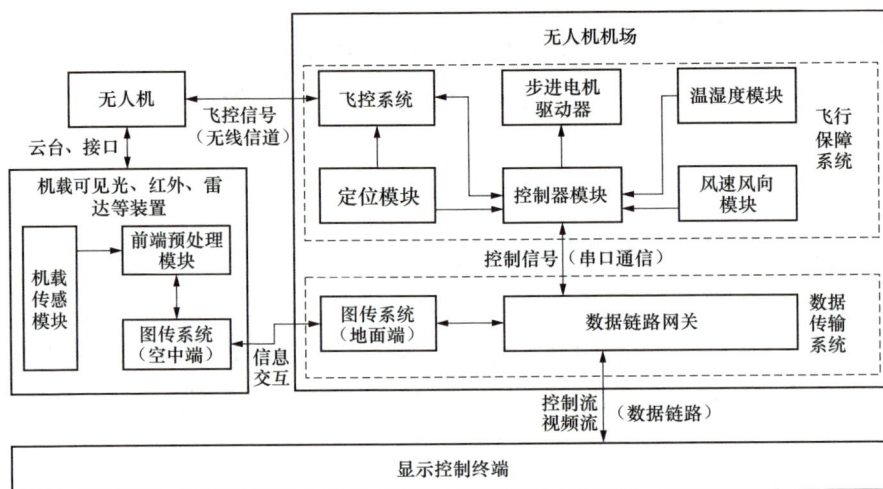

图2-4 机场的总体结构及其与无人机的交互方式

无人机机场控制硬件系统由控制器模块、步进电机驱动系统、无人机飞行
控制系统、定位模块、图传系统、气象条件传感器、数据链路网关组成。硬件
系统采用模块化设计，每个模块都可以单独拆解，便于系统维护与调试。其中，
控制器模块是机场的核心部件，通常选用性能良好的单片机芯片，如Cortex-M3
处理器，工作频率为72MHz，并且具有A/D转换功能和外部中断功能（集成了
2个A/D采集器，且所有的引脚均支持外部中断），同时芯片还应具有高效的时
钟系统，通过定时器可以进行PWM输出驱动机场电机的准确动作，并为数据
传输通信提供基本的时钟保障。步进电机驱动器可选用细分型双项差分式步进
电机驱动器，具备噪声小、振动弱、运行平稳、定位精度高的特点，在运行
过程中通过PWM脉冲信号驱动步进电机转动。定位模块通常是机场的选配部
件，主要用于辅助无人机定位，控制器模块根据定位模块的解算结果，输出控
制信号到飞控系统，驱动无人机飞向机场中心并不断降低高度，最终完成降落。

在机场控制方面，硬件控制系统中，对无人机的控制主要基于机场的飞
行保障系统。控制器模块通过网关接收遥控数据，以及风速风向、温度湿度
传感器送出的0~5V模拟信号，并通过芯片的AD转换功能采集为数字信号，

由内部程序逻辑对气象条件做出判断。然后，在驱动机场开合归正时，控制器通过定时器向步进电机驱动器发出PWM脉冲信号，控制驱动电机转动与止动。机场开启后，通过飞控系统与无人机进行飞控数据通信，激活无人机自动巡检程序；巡检结束后，无人机通过定位系统飞到机场附近，在定位模块和视觉引导的辅助下完成自动降落，实现全自动巡检。

在基于无人机机场的全自动巡检中，机载的采集装置（包括红外、可见光、点云等数据）需要与无人机机场完成数据交互。无人机机场内部装有无线通信模块，可以将机载装置采集的数据传输到机场。在图传系统的地面端接收到数据后，以通信协议上传至网关，通过数据链路将数据推送至远程后台，进行后台数据处理。

2.2.2 主控模块

机场主控模块是机场控制的核心模块，可按照一定逻辑控制机场各个模块进行对应操作及版本更新，包括但不限于远程任务接收、任务调度、系统自检、系统更新等。主控模块承担无人机机场内部逻辑控制中枢的作用，负责多种功能的逻辑控制，如系统逻辑控制、媒体存储、图传、舱盖电机控制、系统参数设置存储等任务。主控模块通常包括多种接口，如舱盖电机驱动接口、环境传感器接口、急停接口、图传天线接口、边缘计算接口等，实现与传感器、电机、通信模块等部件的连接和信息传输。主控模块可以根据用户指令下发对应的动作命令，并根据预设的控制逻辑，自行判断当前机场工作状态并作出对应动作。机场主控模块的实物如图2-5所示。

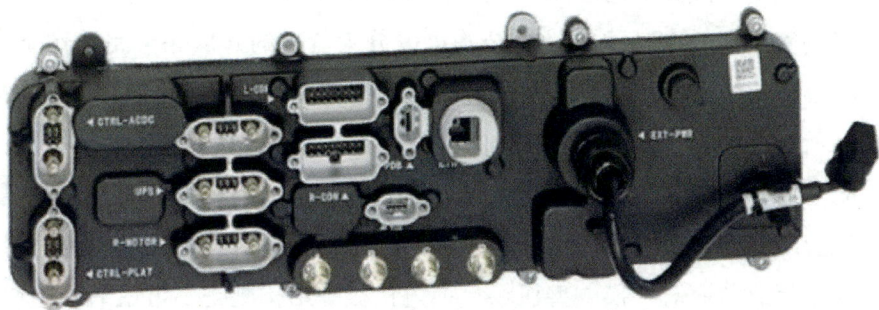

图2-5　机场主控模块实物图

通常情况下，主控模块宜具备软件接口和硬件接口。

软件接口包括外部接口和内部接口。外部接口用于机场本体与用户或网络上其他设备间的通信交互，宜采用HTTP/HTTPS协议进行接口请求，其设置应留有完整的开发文档，文档内容应清晰明确可复现；同时接口版本应支持向下兼容，即高版本系统接口应兼容低版本系统接口的访问调用或提供明确的升级提示；接口命名应规范简洁，可根据命名望文生义。内部接口用于机场间不同设备的通信作用，其接口实现一般基于数据链路层或其他下层协议，格式内容可不对外开放。

硬件接口用于紧急情况下的任务暂停和设备调试，通常包括急停按键和开盖按键等。急停按键应设置在机身显著位置，用于无人机失控、物理机构卡死、降落失败等异常情况下的干预手段；开盖按键可用于无人机调试，用于在断电情况下的机场解锁及开盖，避免停电后机场锁死导致无人机无法拿出，该按钮应置于隐蔽部位并加锁防盗。

2.2.3　机械机构

机场的机械结构分为静态机械结构和动作机械结构。其中，静态机械结构主要是机场骨架，通常采用铝型材拼接，与钢材相比铝材具有高热导率、可塑性好、高回收率、耐腐蚀、重量轻等优点，广泛应用于机械框架结构及各类零件连接、工作台、工业流水线、传送带、小型自动设备及非标机电设备中。基于铝型材的机场具有良好的IP防护等级、抗冲击能力、防变形和腐蚀能力，为长期在户外环境下的工作提供基本条件。

机场的动作机械结构是无人机机场内部最基本的部分，直接关系到无人机起降的安全和效率。机械动作结构可以分为舱盖的开启和关闭动作结构，停机坪推杆的机械动作结构以及换电机械手结构（对于换电型机场）。图2-6所示展示了机场的主要动作机械结构（开盖状态）。

舱盖的开启和关闭动作结构，可以控制无人机舱门、舱盖的开启，便于无人机起降和存储。停机坪推杆的机械动作结构，可以实现无人机的平稳移动和回中停放。而对于换电型机场，换电机械手结构则是不可或缺的组成部分，可以方便地对无人机电池进行快速更换。

图2-6　机场的主要动作机械结构（开盖状态）

由于主控模块的逻辑介入，目前的无人机机场机械动作结构均可以远程或根据作业流程实现自动化控制。在应急或维护状态下，也可以通过人工控制来实现，一般机场会有人工操作按钮，以便切换自动/手动控制状态。在使用无人机机场时，需要对机械结构进行定期保养维护，以确保机械结构的稳定性和可靠性，延长使用寿命。

机场中的机械动作结构主要实现无人机遮盖或起降平台部分以及相关辅助装置的动作。其中，开合遮盖部分根据无人机起飞特点有不同的形式：有单侧翻盖式、对开翻盖式、水平推拉式等，其主要功能在于为无人机提供防晒、防水等防护功能，并且在无人机起飞时能够配合打开。

以对开翻盖式开合机构为例，开合机构包括箱盖和开合机构。箱盖两侧对称，由铝型材做骨架，亚克力板作为外包，整体固定在滑轨上。滑轨固定在整体骨架的两侧，并采用对装的形式，以增强承重能力。机场的开合机构基于同步带传动设计，在机场的同侧装设六个同步带轮，每三个为一组，上端靠近箱盖的为从动轮，下端机场底部的为主动轮。在三个同步带轮之间装设一条同步带，同步带的两端固定在箱盖上。当机场底部的主动轮逆时针转动时，会带动左侧的同步带向下运动，右侧的同步带向上运动。当左侧的同步带向下运动时，通过顶部的从动轮的传动，将箱盖向右拉动，进而达到关闭的目的。同理，当同步带轮顺时针转动时，会将箱盖向左拉动达到开启的目的。

同侧的主动轮之间通过传动轴连接。当步进电机转动时，会带动传动轴转动，进而带动两个同步带轮同时转动，实现前后两侧驱动力的同步，如图2-7所示。

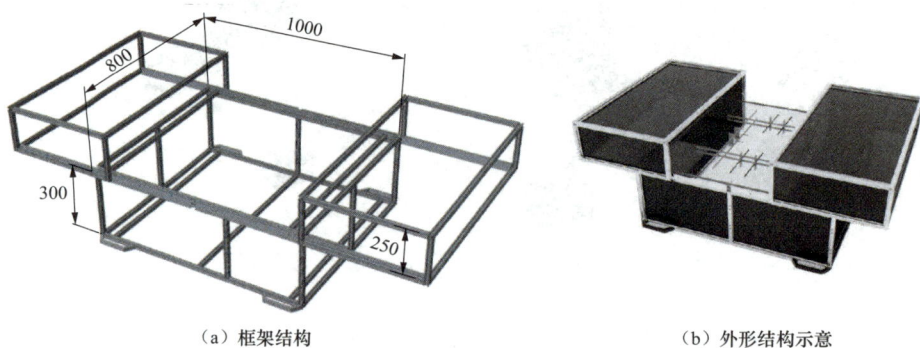

（a）框架结构　　　　　　　　（b）外形结构示意

图2-7　对开翻盖式无人机机场

此外，在部分机场中配置了可升降的停机平台以及推动无人机位于正中间的归正机构。

停机平台：主要是能够支持无人机起飞和降落，并与机场翻盖部分共同形成无人机的停放空间。在停机平台上通常具有中心定位标识（见图2-8），为无人机下降停落时提供降落参考。此外，在部分机场中，停机平台还具备升降功能。

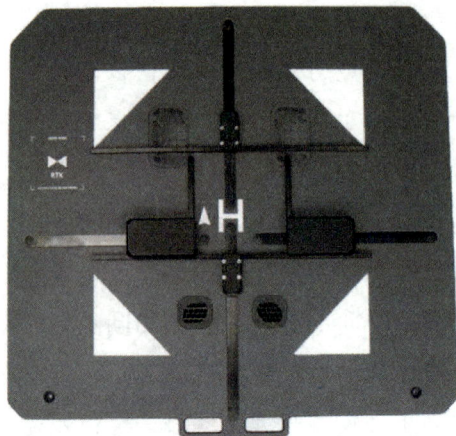

图2-8　带有标识的充电型机场停机平台

归正机构：归正机构包括角钢拼接而成的停机坪骨架，覆盖在骨架上的铝合金停机平台，以及固定在骨架上的归正臂和相应的传动装置。归正装置整体固定在机场的骨架上，可作为独立模块拆卸。基于模块化的设计有利于实物装配、后期尺寸调整与维修。归正装置采用同步带作为驱动装置，具有价格低廉、传动性能好、传动比恒定、驱动能力强、便于更换等优点，如图2-9所示。

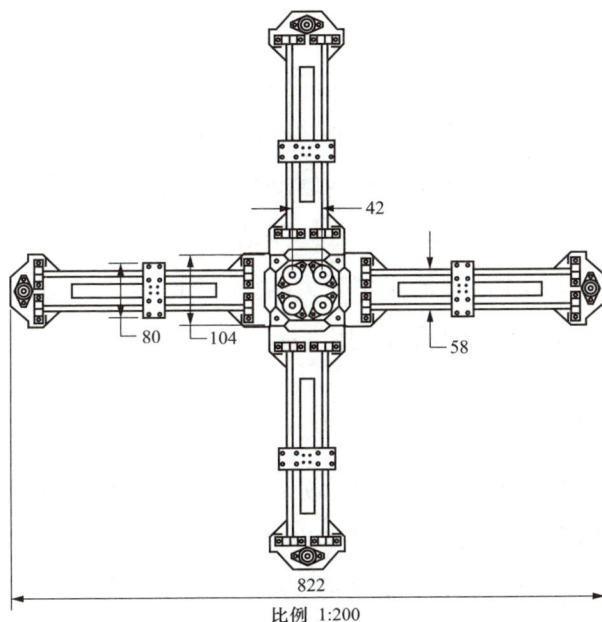

图2-9　归正机构结构尺寸图

　　归正装置的归正臂共有四条，通过螺栓和螺母固定在中心的归正臂连接板上。同步带轮、转动轴、轴承通过顶丝相连，组成转动的带轮组，固定在归正臂的四端。在归正臂连接板上同样装有四组带轮组。同步带在带轮之间十字穿插，通过一条同步带将全部同步带轮组同时联动。光轴固定在同步带的两侧，滑块穿过光轴与两侧同步带的其中一侧相连。滑块分别固定在两侧同步带的同侧，归正杆通过归正杆连接件与滑块固定。当其中一个带轮旋转时，会带动四个归正杆同时聚拢或同时散开。这样的设计既实现了滑块的联动，也节省了步进电机的数量，如图2-10所示。

（a）归正机构正面　　　　　　　　　　（b）归正机构背面

图2-10　归正机构设计图

归正臂连接板上安装的四个带轮组转动轴延伸至归正臂连接板的背面。转动轴上装有齿轮，四个齿轮的中心装有驱动齿轮与之啮合。步进电机主轴与中心的齿轮相连，通过步进电机的转动带动四个齿轮的转动，进而带动归正臂连接板上的同步带轮组转动，最终驱动整个装置转动。由于步进电机装设在整个归正装置的中心，同步带受力均衡，则不容易出现断裂问题，而且也能大幅增加与轮带连接的轴承使用寿命。

2.2.4　监测模块

无人机机场的监测模块是保障无人机起降安全和自动化运行的关键部分。无人机机场的监测模块通常主要由视频监控模块、环境监测模块和运行状态监测模块三部分组成。包含风速计、摄像头、指示灯的监测模块实物如图2-11所示。

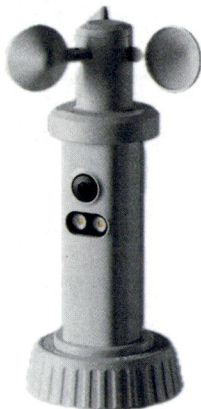

图2-11　一种集成了风速计、摄像头、指示灯的监测模块

视频监控模块通过可见光相机对机场周围环境进行监控，以确保无人机起降的安全。舱内相机可以实时观测无人机在舱内的情况，在运行过程中操作人员可以及时发现无人机的故障情况，从而采取防止故障扩大的措施，为设备的安全运行提供保障。

环境监测模块主要包括风速计、雨量计、温湿度传感器等。这些环境传感器有助于了解无人机运行环境的实时情况及其他有害因素的存在。例如，风速计监测到强风天气，且风速超过无人机设计的最大抗风能力后，就会通知主控模块并自动阻止无人机起飞。

运行状态监测模块主要保障无人机机场运行时的安全和稳定性，例如断电保护监测，当机场主电源断电时，能够秒级切换至备用电源系统，以确保运营持续稳定运行，避免无人机机场系统出现安全问题。

无人机机场的监测模块是无人机机场自动化运行和无人机飞行安全不可或缺的组成部分。未来，随着技术的不断发展，这些监测模块将会朝着智能化方向发展，通过与人工智能、大数据等技术的融合，不断强化与无人机机场的相互协同，实现无人机机场更加安全、稳定、高效的运行。

2.2.5 通信模块

通信模块包括图传通信模块、RTK通信模块和网络通信模块等。机场内的通信模块如图2-12所示。

图2-12 机场内的通信模块（含RTK基站天线组件）

（1）图传通信模块是机场和无人机之间的通信，用户可通过它发送和接收实时图像画面及控制指令。目前，图传通信一般采用点对点通信方式，但为了解决遮挡问题，有些机场已依托运营商5G/4G网络提供图传信号。

（2）RTK通信模块是为了给无人机提供高精度定位服务，无人机在精细化巡检、地形勘察和地图测绘等场景中需要有较高的定位要求。RTK技术可提供厘米级定位精度，能够快速准确地定位无人机的位置和姿态信息。RTK定位数据的准确性和实时性对于保障无人机飞行的安全和精准性至关重要，可通过图传模块及时发送至无人机端，确保快速准确获取无人机飞行状态信息和精细化巡检等数据。

（3）网络通信模块是无人机机场必备通信接口之一，无人机机场端需要通过网络将无人机信息回传至后端管理平台，平台发出作业任务也需通过网络发送至无人机机场。这样可以实现无人机的远程控制、监控和管理，提高无人机机场的自动化运行效率。

此外，目前还在探索多机多巢协同通信组网方式，在机场内同时配置信号中继装置，实现无人机、机场之间的数据信息中继发送以及多无人机的信息汇流。

2.2.6 其他硬件模块

除前述模块外，为了支撑机场完成相关工作，还需要配置其他硬件模块，包括电源模块、空调模块及边缘智能模块等。

（1）电源模块主要有两个方面的作用。一是从机场的电源获取，负责将交流市电转为直流电，并为主控模块和空调模块提供两路电源供电。二是向无人机提供充电电源。机场内部的AC/DC电源模块如图2-13所示。

（2）空调模块供电具备制冷、制热和除湿功能，可自动调节机场舱内的温度和湿度，为无人机提供舒适的机场环境。同时，空调模块可确保电池快速降温，并为其提供适宜的存储环境，确保飞行器的安全和稳定。这些硬件模块的高效稳定运行，为无人机机场的自动化运营提供了重要的保障和支持。无人机机场内部的空调模块（TEC空调）如图2-14所示。

图2-13　机场内部的AC/DC电源模块

图2-14　无人机机场内部的空调模块（TEC空调）

（3）边缘智能模块：通过机场内置Nvidia-NX或华为Atlas500等装置进行边缘AI计算卸载流量，形成云边多级协同智慧诊断。边缘计算中心模块如图2-15所示。

图2-15　边缘计算中心模块

　　边缘智能模块能够支撑无人机机场就地实现路径自主规划、多传感器耦合、图像智能识别等算法，为任务的分布式执行和优化调度提供基础条件，从而可以进一步打造以无人机机场为核心的边缘端智能诊断中心与智能调度中心。以无人机巡检图像的处理为例，无人机巡检后的图像可在边缘模块内直接诊断分析，获取巡检结果并向上层平台发送，可以极大地降低巡检时段的数据链路传输量。海量巡检的图像可以在数据链路负载低时进行传输，从而可以更有效地分配数据链路的通信载荷，提高信道利用率，进而加快故障的响应速度，使得机场的大规模组网与无人机集群巡检成为可能。

2.3　软件架构及功能

　　无人机机场的使用方式和业务需求随着不同行业的需求而不同，因此，除了硬件本身，无人机机场的配套管理软件也变得至关重要。无人机机场软件的设计者需要考虑到这些需求，以创造出一个兼顾各种不同用例的高效管理系统。为此，开放式接口和支持二次开发以及数据全面开放成为了该软件架构设计的关键。

　　这些特性使得无人机机场管理软件成为一种高度灵活的解决方案，能够满足各个行业的特定需求。此外，这些功能还可以帮助企业将无人机数据和任务管理整合成一个统一的平台，从而达到提高生产效率、减少错误率和降低成本的目的。

总之，无人机机场配套管理软件的设计和开发对于提高无人机的应用价值至关重要，因为这可以帮助企业根据自身的业务需求自由地组合和使用数据，以获取更好的成果。

2.3.1 典型软件架构

为了支持二次开发，接口通常采用软件开发工具包（Software Development Kit，SDK）或应用程序编程接口（Application Programming Interface，API）方式。考虑到无人机机场主要是推送或接受数据为主，其本身是具有自动控制逻辑的设备，因此，API接口这种具有更低开发门槛的方式更为流行。API接口使得用户能够使用与无人机机场交互的数据和功能，而无需了解底层代码或进行太多的编程工作。组件化和模块化的API设计还可进一步简化开发工作和提高代码复用率。如图2-16所示，给出了使用API的无人机机场典型架构。

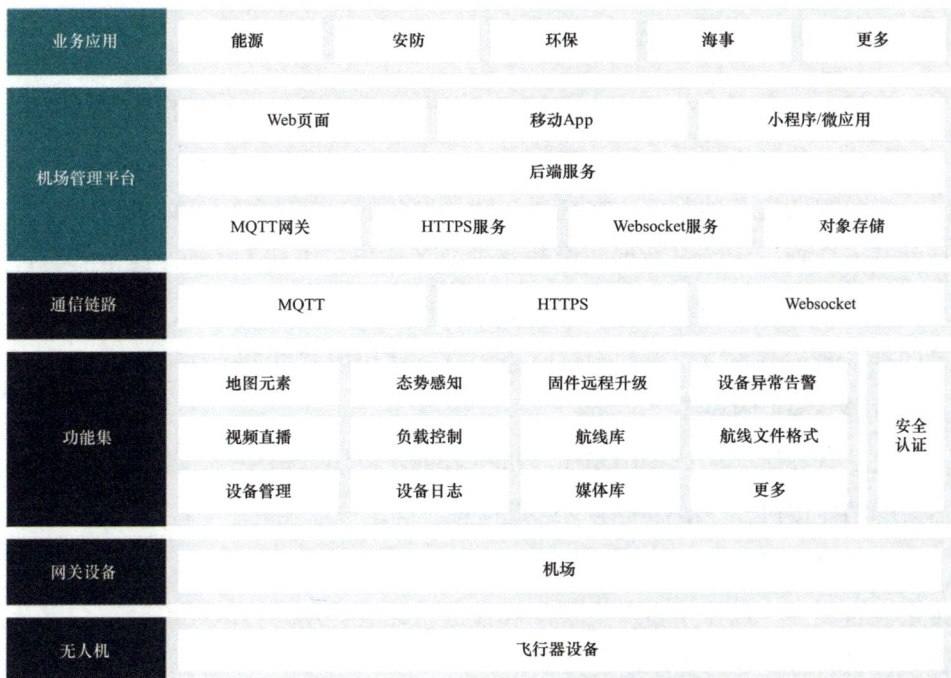

业务应用	能源	安防	环保	海事	更多
机场管理平台	Web页面		移动App		小程序/微应用
	后端服务				
	MQTT网关	HTTPS服务	Websocket服务		对象存储
通信链路	MQTT		HTTPS		Websocket
功能集	地图元素	态势感知	固件远程升级	设备异常告警	安全认证
	视频直播	负载控制	航线库	航线文件格式	
	设备管理	设备日志	媒体库	更多	
网关设备	机场				
无人机	飞行器设备				

图2-16 使用API的无人机机场典型架构

从架构分层上可以看出，API是基于无人机对外提供的接口，整体思路采用与物联网类似的端边云架构分层。数据传输流程为无人机将数据或实时图像先传输回机场设备，机场设备可看作一个网关，然后通过机场间接上传至机场管理平台，机场上传数据时，会同时把飞机和负载的能力一起上报。

网关设备与机场管理平台之间的通信链路以采用业界通用的MQTT、HTTPS、Websocket协议为主，并在这些协议的基础上，抽象出各个硬件设备的物模型以及业务应用所需的功能集。

机场管理平台泛指网关设备可以直接访问的各个服务端，对于API来说，只要通信链路能够访问到平台服务，即可进行通信，这样对于管理平台的环境部署就没有做限制，无论是私有化部署还是公有云部署，只要能访问均可工作。

机场管理平台在打通与无人机机场的业务之后，即可通过自身私有协议，搭建前端Web页面、App应用、小程序等，深入业务场景例如能源、安防、环保、海事等，构建一个完整的场景业务工作流。

2.3.2 机场标准接口简介

基于2.3.1的软件介绍，在部署开发软件之前需要做好环境搭建工作。以2.3.1为例，机场管理平台需要先部署MQTT网关、HTTPS服务、Websocket服务、对象存储等基础服务。在打通与网关设备的通信链路后，即可进行功能集的开发实现，为满足数据获取和基础业务应用，机场API接口通常需要包含固件远程升级、设备异常告警、机场远程控制等类别。同时，有些功能集是两种场景均有重叠，例如视频直播。具体使用方式见各个功能集方案，交互接口定义详见附录A。

（1）认证服务接口：用于无人机机场绑定机场管理平台（设备上线）时需要定义绑定信息，绑定地址规范。

（2）设备管理接口：设备管理功能支持设备向管理平台上报拓扑信息、推送设备属性，以及平台对设备的属性进行设置。用户可以在后台查看以及调整设备状态，更为方便地展开工作。

（3）视频直播接口：直播功能主要是把无人机相机负载和无人机机场的

监控视频码流发给机场管理平台进行播放，用户可以方便地在远程Web页面点击直播。直播功能支持直播的开始、停止、清晰度设置、镜头切换。

（4）媒体管理接口：媒体管理功能主要是无人机机场把无人机上的媒体文件（图片/视频）下载到机场本地存储，然后再通过网络上传到机场管理平台的过程。

（5）航线管理接口：航线管理是机场自主作业的重要功能，可以实现行业领域的批量化、智能化作业。机场API提供了相关的接口，实现了航线任务在云端的共享查看、下发执行、取消，以及进度上报等功能。用户需要遵照航线文件格式规范（WPML）编写航线文件，定义航线任务。一个航线任务中可以定义多条航线。

（6）指令飞行接口：指令飞行是解决无人机与机场在远程控制过程中，无法即时性操作的限制。在实际应用场景中，飞行器可从空闲状态响应或暂停正在执行的航线任务。用户通过手动方式继续控制设备或负载。通过指令飞行功能，用户可获得安全可靠的飞行器控制、高实时性的指令下发与直播画面传输、OSD信息上报以及对负载的控制能力。

（7）远程调试接口：远程调试是在调试的作业流中实现无人值守，即让作业人员无需到现场，在远程就可以下发命令到设备端，进行设备的远程排障。远程调试命令可分为命令（cmd）和任务（job）。命令（cmd）一般指命令下发后，设备能即刻回复的行为，而任务（job）为任务下发后，设备需要持续动作的行为。

（8）固件升级接口：为实现对设备固件版本的维护，API接口支持用户通过远程方式对机场与飞行器进行固件升级。用户可以实施单次升级以及批量升级、升级提示、升级进度的展示等。

2.3.3 机场标准接口要求

1.认证服务要求

无人机机场设备成功连接到机场控制系统后，即为设备绑定。设备绑定管理应满足以下内容：

（1）应获取设备绑定信息。

（2）应查询设备绑定对应的组织信息。

（3）应使用设备绑定码绑定对应组织。

（4）MQTT URL地址宜使用tcp://xx.xx.xx.xx:xxxx。

2.设备管理要求

（1）设备管理流程。通过无人机设备向机场上报拓扑信息至机场，机场设备接收后再向后台上报无人机和机场的拓扑信息、推送设备属性，以及后台对设备属性进行设置。让用户可以在后台查看以及调整设备状态，更为方便地展开工作。交互流程步骤详见以下描述及图2-17所示的无人机机场设备管理交互时序图。

1）无人机与无人机机场网关通信连接，完成设备对频。

2）机场确认已与无人机对频成功，并推送设备拓扑更新状态至机场控制系统。

3）在固定频率推送情况下，无人机属性推送至无人机机场，机场将无人机和机场设备属性推送至机场控制系统。

4）在事件性上报推送情况下，无人机属性推送至无人机机场，机场将无人机和机场设备属性推送至机场控制系统。

5）机场控制系统将设备属性推送至无人机机场，无人机机场将变更命令下发至无人机。

6）无人机接受响应后，将反馈推送给无人机机场。

7）无人机与无人机机场通信断开时，机场设备拓扑更新状态至机场制系统。

（2）数据交互接口要求。主要的设备管理功能内容包括无人机设备和机场设备方面，如表2-1所示。

3.视频直播功能要求

（1）直播流程。直播功能主要是把无人机相机负载和无人机机场的监控视频码流发给机场控制系统进行播放，用户可以方便地在远程Web页面点击直播。直播功能支持直播的开始、停止、清晰度设置、镜头切换。交互流程步骤详见以下描述及图2-18所示的基于无人机机场的直播流程交互时序图。

飞行器	无人机机场	机场控制系统

设备上线

设备与网关通信连接，设备上线 →

设备拓扑更新 →

loop [属性定频推送]

飞行器属性推送 →

设备（飞行器）属性推送 →

设备（机场）属性推送 →

opt [state属性 事件性上报]

飞行器属性推送 →

设备（飞行器）属性推送 →

设备（机场）属性推送 →

← 设备属性设置

← 变更命令下发

设备属性变更 ↺

飞行器响应 →

设备端响应 →

设备下线

设备与网关设备通信断开，设备下线 →

设备拓扑更新 →

飞行器	无人机机场	机场控制系统

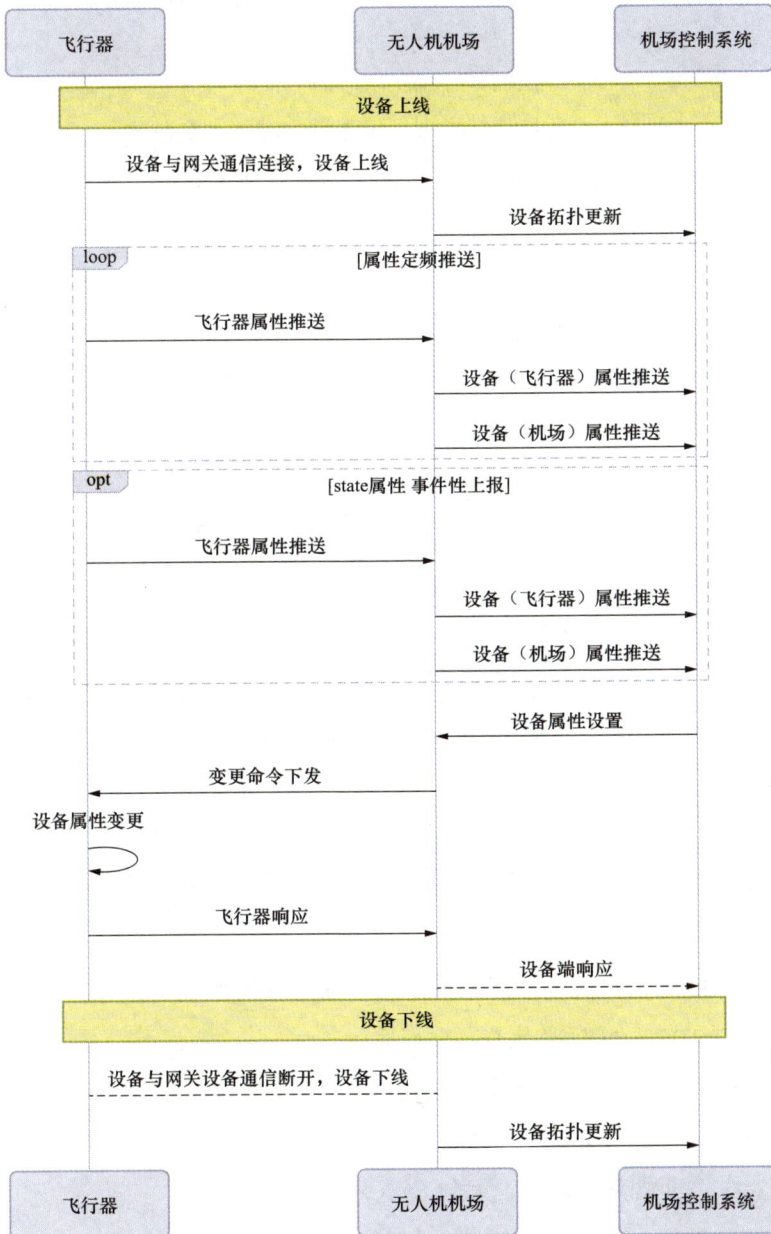

图2-17 无人机机场设备管理交互时序图

047

表 2-1　设备管理数据交互接口要求

序号	类别	内容
1	无人机设备内容要求	1）经度、纬度、高度等位置信息
		2）当前无人机状态信息，如待机、手动飞行、自动飞行等
		3）无人机版本信息，如固件版本、设备序列号等
		4）水平速度、垂直速度、风速、风向信息
		5）负载姿态信息
		6）电池信息，如电量、电压、电池循环次数、电池温度等
		7）卫星搜星数量，RTK状态等信息
		8）安全设置，如返航高度、失控动作等
2	机场设备内容要求	1）机场设备应接受无人机设备内容推送信息
		2）经度、纬度、高度等位置信息
		3）机场状态信息，如舱盖状态、任务状态等
		4）机场版本信息，如固件版本、设备序列号等
		5）环境监测信息，如风速、温度、雨量、湿度等
		6）机场备用电池信息，如电压、电池温度等
		7）卫星搜星数量，RTK状态等信息
		8）网络状态信息
3	属性请求规范	1）内容推送应支持定频数据方式，设备将以固定频率定时上报
		2）设备管理功能内容推送应支持状态数据方式，设备在状态变化时上报

1）无人机机场向机场控制系统推送当前可直播的能力信息。

2）用户在Web页面端点击发起直播。

3）机场控制系统页面向机场请求开始直播。

4）机场设备响应并向机场控制系统推流。

5）Web页面端从机场控制系统拉流并开启直播。

6）直播过程中，用户可从Web页面端调整直播清晰度。

7）直播过程中，用户可从Web页面端切换直播镜头。

8）用户可从Web页面端点击关闭直播。

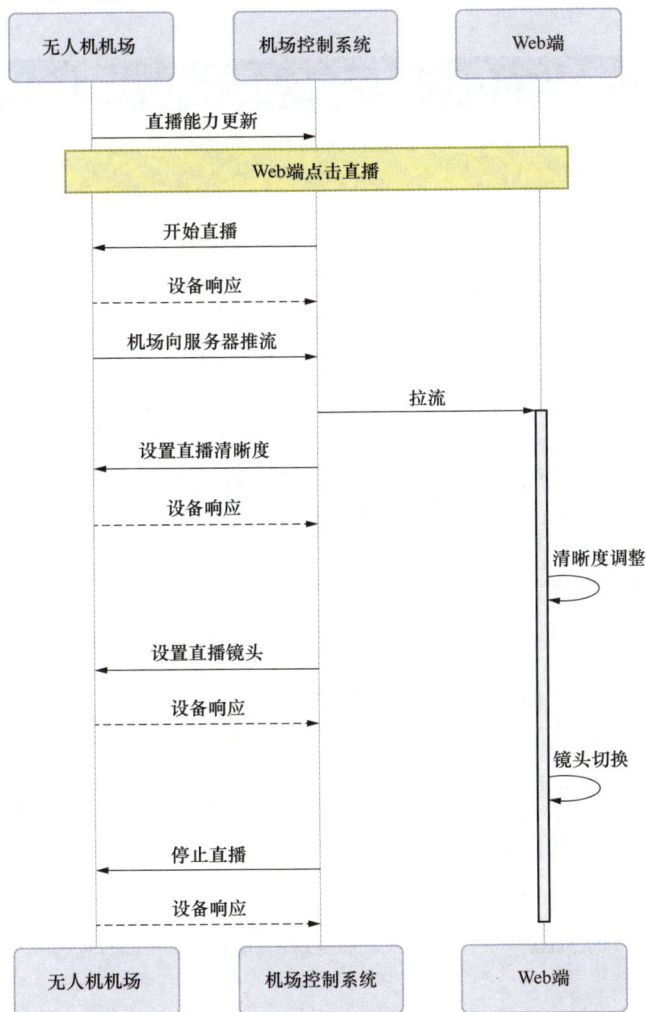

图2-18　基于无人机机场的直播流程交互时序图

（2）数据交互接口要求。主要的直播功能要求包括直播能力基本要求和开始与停止直播要求，如表2-2所示。

表 2-2　直播数据交互接口要求

序号	类别	内容
1	直播能力基本要求	1）应包含可用于直播设备的总数量信息，可同时直播的最大视频流总数
		2）应包含直播设备镜头类型，如红外相机、广角相机、变焦相机等

序号	类别	内容
2	开始与停止直播要求	1）开始直播时应定义直播协议类型，如声网、RTMP、RTSP、GB28181等
		2）开始直播时应定义直播视频的ID编号
		3）开始直播时应定义直播质量
		4）停止直播时应根据直播视频流的ID编号来停止直播
		5）在无人机有多个负载镜头时，应支持切换直播视频流镜头类型
		6）在有多个视频流时，应根据直播视频的ID编号分别设置开始直播、停止直播、直播质量调整等

4.媒体管理要求

（1）媒体管理流程。媒体管理功能需要在无人机机场、机场控制系统和对象存储桶之间进行信息交互。交互流程步骤详见以下描述及图2-19所示的基于无人机机场的媒体管理交互时序图。

1）每次媒体文件上传时，需要向服务端获取临时文件上传凭证，这样无人机机场在上传时会带上该凭证给对象存储服务进行校验。

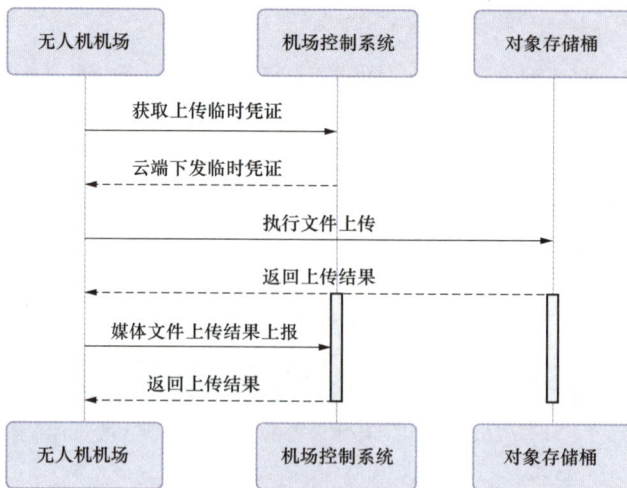

图2-19　基于无人机机场的媒体管理交互时序图

2）媒体文件传输结束后，机场会调用该接口向服务端告知对应的媒体文件上传结果。

（2）数据交互接口要求。主要的媒体管理功能要求包括获取临时凭证规范和媒体文件上传结果上报要求，如表2-3所示。

表 2-3　媒体管理数据交互接口要求

序号	类别	内容
1	获取临时凭证规范	1）每次媒体文件上传时，需要向服务端获取临时文件上传凭证，这样机场在上传时会带上该凭证给对象存储服务进行校验
		2）应支持设置文件上传优先级
2	媒体文件上传结果上报	1）媒体文件传输结束后，机场会调用该接口向服务端告知对应的媒体文件上传结果
		2）照片文件上传应包含任务和时间信息
		3）照片文件上传应包含无人机信息（如飞机产品型号、云台偏航角）
		4）照片文件上传应包含地理位置信息（如拍摄位置纬度、拍摄位置精度、拍摄位置绝对高度）

5.航线管理规范要求

（1）航线管理流程。航线管理是电动多旋翼无人机机场自主作业的重要功能，实现电动多旋翼无人机机场的批量化、智能化作业。电动多旋翼无人机机场接口应具备航线任务共享查看、下发执行、取消以及进度上报等功能。同时，航线管理需对航线任务分类、任务接口涉及字段及字段的解释等内容进行规定。其中，任务分类应支持包括立即任务、定时任务和条件任务。航线管理的交互流程步骤详见以下描述及图2-20所示的航线管理交互时序图。

1）立即任务和定时任务均以时间判断，无人机机场主要根据是否等待来决定是否开启任务流程；当从机场控制系统下发立即任务时，无人机机场立即响应，执行相应的起飞作业流程；当从机场控制系统下发定时任务时，无人机机场会等到计划作业时间时再执行起飞作业流程。

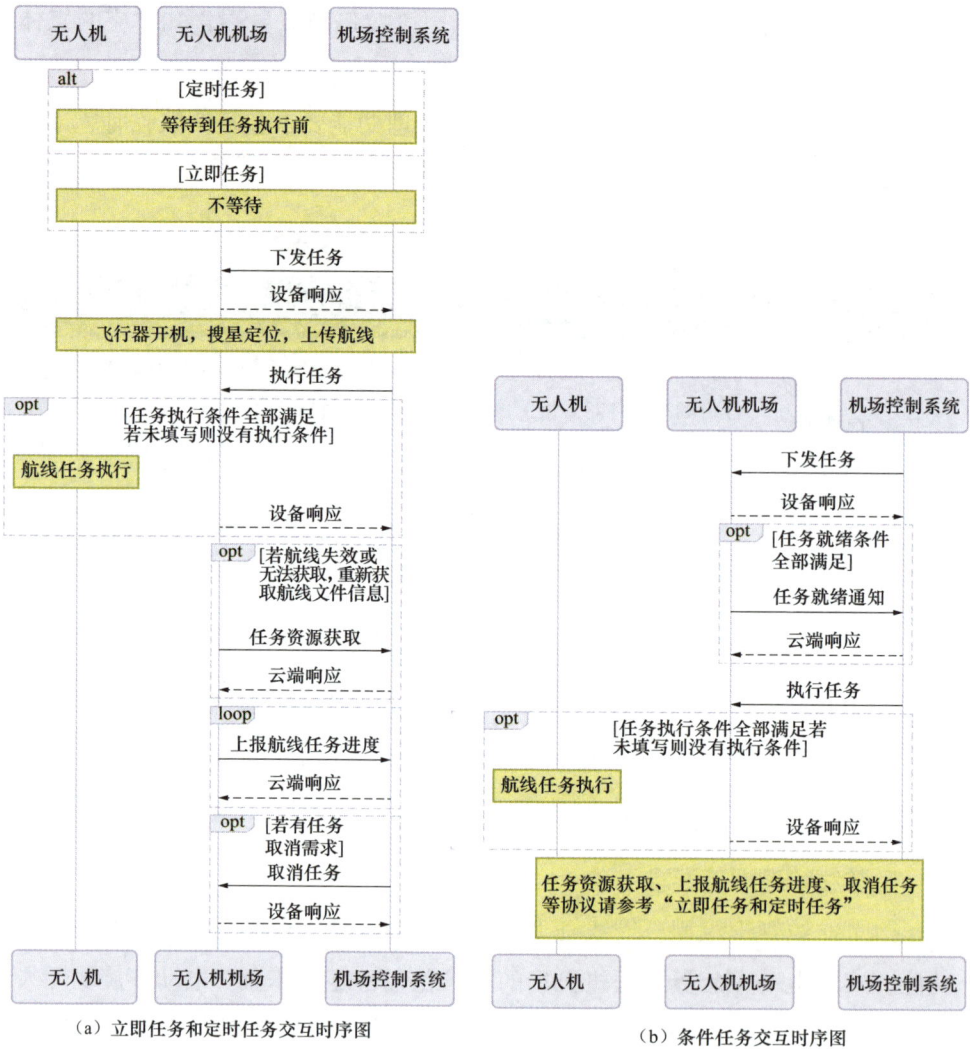

（a）立即任务和定时任务交互时序图　　　　（b）条件任务交互时序图

图2-20　航线管理交互时序图

2）条件任务允许用户设置起飞条件，例如起飞要求的电量等多个判断条件；在机场控制系统下发作业任务时，无人机机场会根据条件判断是否满足起飞条件；若全部满足则会有任务就绪通知事件通知并允许无人机开始起飞作业；若不满足条件时则不会进行航线任务执行流程。

3）上报航线任务执行进度，上报信息包括进度信息以及拓展信息。

4）下发条件任务后，机场会检查任务条件是否全部满足，若全部满足则会给出任务就绪通知。

5）下发任务内容包括飞行计划 ID、开始执行时间、任务类型、航线类型、航线文件对象、航线文件 URL、航线文件签名、任务就绪条件、电池容量、任务可执行时段的开始时间、任务可执行时段的结束时间、任务执行条件、存储容量、航线断点信息、断点序号、断点状态、当前航段进度、航线 ID、返航高度、遥控器失控动作、航线失控动作。

6）任务就绪条件全部满足和任务执行条件全部满足后，下发执行任务动作指令。

7）任务执行过程中可取消任务的执行。

8）获取任务资源，将返回飞行计划 ID 对应航线任务的航线文件信息。

9）返航状态通知，用于通知设备的返航退出状态。

（2）数据交互接口要求。主要的航线管理功能要求包括下发准备工作要求和作业进度上报要求，如表 2-4 所示。

表 2-4 航线管理数据交互接口要求

序号	类别	内容
1	下发准备工作	1）下发任务前应通过可访问的 NTP 服务的 URL，以实现时钟同步
		2）时间应精确到毫秒时间戳
		3）立即任务和定时任务均需指定执行时间
		4）下发任务允许设置多个执行条件（如无人机电池电量百分比阈值、任务执行时间段等）
		5）下发任务时应设置无人机返航高度
		6）下发任务时应设置无人机失控动作，动作应至少包含返航、悬停、降落
2	作业进度上报	1）应上报当前执行到的航点数
		2）应上报本次航线任务执行产生的媒体文件数量
		3）应上报当前任务状态（如执行中、执行成功、暂停、取消、超时等）
		4）应支持暂停和恢复作业任务
		5）作业取消时应以文本形式提示任务取消

6.指令飞行接口规范

（1）流程。指令飞行功能的开放目的是解决无人机与机场在远程控制过程中，无法即时性操作的限制。在实际应用场景中，飞行器可从空闲状态响应或暂停正在执行的航线任务。用户通过手动方式继续控制设备或负载。通过指令飞行功能，用户可获得安全可靠的飞行器控制、高实时性的指令下发与直播画面传输、OSD信息上报以及对负载的控制能力。指令飞行API宜划分为飞行控制类（DRC）、负载控制类、Flyto指令与一键起降指令四大类。交互流程步骤详见以下描述及图2-21所示的指令飞行交互时序图。

1）用户在机场控制系统Web页面点击飞行控制进入指令飞行功能。

2）在正式下发指令前，由用户设置基础参数，包含飞行作业预警高度、返航高度、失联动作、目标点高度参数。

3）当无人机在空中执行航线任务时，用户可用指令飞行暂停航线任务并切换指令飞行状态。

4）当无人机在机场内空闲时，用户可用指令飞行功能一键起飞无人机至预设的目标点高度。

5）当无人机进入到指令飞行状态后，用户可通过Flyto指令控制无人机设备。

6）用户可通过下发Flyto指令，无人机按照基础参数飞往设置的Flyto目标点。

7）当无人机到达Flyto的目标点时，推送状态并悬停等待用户下一步操作。

8）用户可选择通过飞行控制类（DRC）指令实时控制无人机飞行水平位置、高度、朝向。

9）在指令飞行中，用户可选择实时控制无人机负载。

10）当用户控制无人机负载时，可对负载下发拍照、录像、变焦、调整拍照目标等指令。

11）用户可以随时结束指令飞行状态，若在结束指令飞行前无人机正在进行航线任务，则用户可以选择恢复执行剩余航线或直接自动返航至无人机机场。

12）用户可以一键下发返航命令，无人机会自动进入返航工作，按照预设的返航高度，自动回到无人机机场。

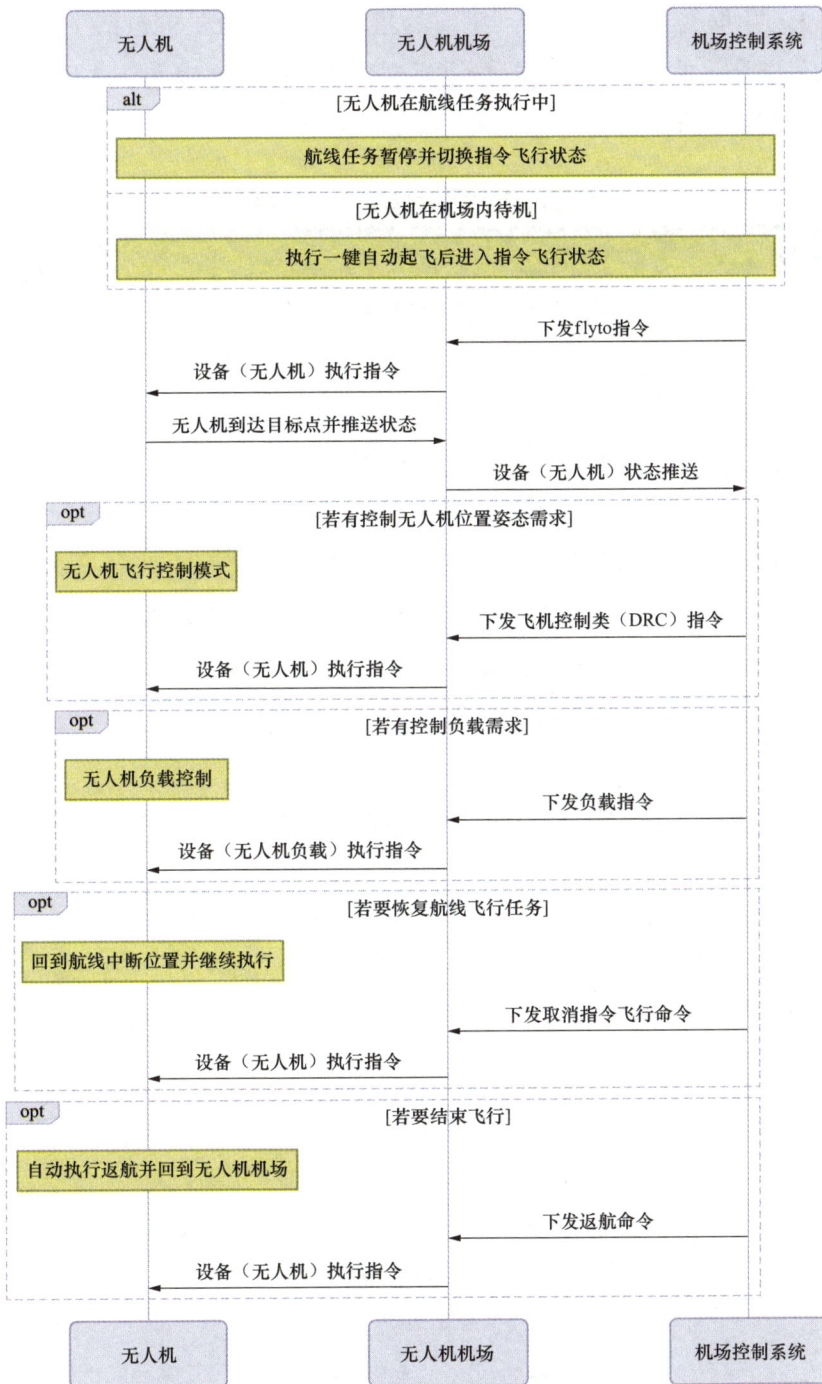

图2-21 指令飞行交互时序图

（2）数据交互接口要求。主要的指令飞行功能要求包括飞行控制类（DRC）指令要求、负载控制类指令要求、Flyto指令要求和一键起降指令要求，如表2-5所示。

表2-5 指令飞行数据交互接口要求

序号	类别	内容
1	飞行控制类（DRC）指令	1）应支持通过飞行控制类指令，控制无人机的前、后、左、右、上、下六个方向的飞行
		2）飞行控制类指令应允许设置飞行速度
		3）飞行控制类指令应包含急停功能
		4）飞行控制类指令应包含返航功能
		5）飞行控制类指令应具备避障监测能力并能自主避障
		6）飞行控制类指令应监测图传链路延时信息并上报
		7）若用户执行航线任务，飞行控制类指令应支持释放，且允许选择自动返回航线继续执行剩余航线任务
2	负载控制类指令	1）负载控制类指令应支持控制云台俯仰角
		2）负载控制类指令应支持拍照和录像动作
		3）若飞行器有多个相机负载，负载控制类指令应支持选择不同相机
		4）若相机支持变焦，负载控制类指令应支持实时变焦设置
3	Flyto指令	1）Flyto指令设置目标位置的经纬度和高度后，无人机宜按照最短直线飞行前往指令位置
		2）Flyto指令应支持设置飞行速度
		3）飞行过程中应具备急停功能
		4）Flyto指令应具备避障监测能力并能自主避障
		5）若用户执行航线任务，飞行控制类指令应支持释放并允许选择自动返回航线继续执行剩余航线任务
4	一键起降指令	1）若无人机在机场舱内，应支持一键起飞
		2）若无人机在空中，应支持一键降落
		3）应支持设置起飞高度、返航高度

7.远程调试接口规范

（1）流程。远程调试为在调试的作业流中实现无人值守，即让作业人员无需到现场，在云端就可以下发命令到设备端，进行设备的远程排障。远程调试命令可分为命令（cmd）和任务（job）。命令（cmd）一般指命令下发后，设备能即刻回复的行为，而任务（job）为任务下发后，设备需要持续动作的行为。交互流程步骤详见以下描述及图2-22所示的无人机机场的远程交互时序图。

1）云端下发远程调试命令给机场设备。

2）机场设备收到命令并响应，回复云端是否执行。

3）云端下发远程调试任务。

4）机场设备收到任务并响应，回复云端是否执行。

5）机场执行任务并上传进度到云端，在云端可视化界面呈现升级进度。

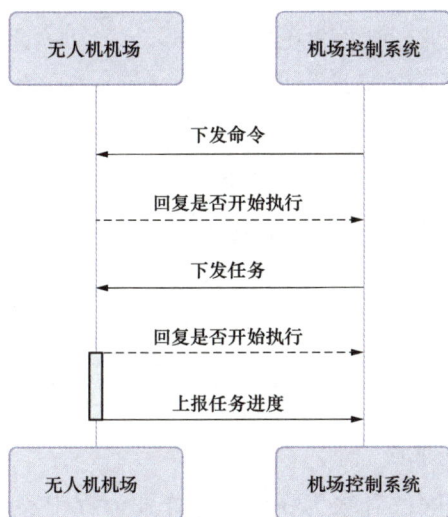

图2- 22　无人机机场的远程交互时序图

（2）数据交互接口要求。主要的远程调试功能要求包括机场调试功能要求和无人机调试功能要求，如表2-6所示。

表 2-6 远程调试数据交互接口要求

序号	类别	内容
1	机场调试功能	1）应设置调试模式开关
		2）为了正常使用远程调试的指令及保运行安全，应保证远程调试模式开关已经开启才可进行后续调试工作
		3）应提供远程调试任务状态，状态应包含已下发、执行中、执行成功、暂停、拒绝、时报、取消或终止、超时等
		4）支持远程设置补光灯开关，支持打开或关闭机场上的补光灯
		5）支持远程设置空调工作模式开关，支持远程设置空调工作状态
		6）支持远程设置机场声光报警开关，支持远程开启或关闭机场声光报警功能
		7）支持远程设置机场重启开关，支持远程重启机场功能
		8）支持远程设置格式化机场存储数据功能
		9）支持远程设置机场舱盖开关，支持远程开启或关闭机场舱盖功能
		10）支持远程设置机场推杆开关，支持远程开启或关闭机场推杆功能
		11）支持远程设置充电开关，支持远程开启或关闭充电功能
2	无人机调试功能	1）支持远程设置支持一键返航功能，且为提升飞行安全，无论是否打开远程调试开关，均可下发一键返航指令
		2）支持远程设置电池保养开关，支持远程开启或关闭无人机电池保养功能
		3）支持远程设置无人机启停开关，支持无人机远程开关机功能
		4）支持远程设置格式化无人机存储数据功能

8. 固件升级接口规范

（1）流程。远程固件升级为在调试的作业流程中实现无人值守，即让作业人员无需到现场，在云端就可以下发命令到设备端，进行设备的固件升级。固件升级命令可分为命令（cmd）和任务（job）。命令（cmd）一般指命令下发后，设备能即刻回复的行为；而任务（job）为任务下发后，设备需要持续动作的行为。交互流程步骤详见以下描述及图 2-23 所示的无人机机场固件升级时序图。

1）机场上报机场当前设备固件版本号，和最新固件的版本号对比，判断是否需要普通升级。可以用来判断是否需要一致性升级。

2）如需升级，根据判断情况创建升级任务，云端下发的固件升级 API需要完成设备的序列号、固件升级包相关信息以及固件升级类型的填充。

3）机场设备响应升级任务，完成固件升级。

4）机场设备上传升级进度与云端响应。

5）通过字段的获取，可以在云端可视化界面呈现升级进度百分比以及当前升级的步骤等关键信息。

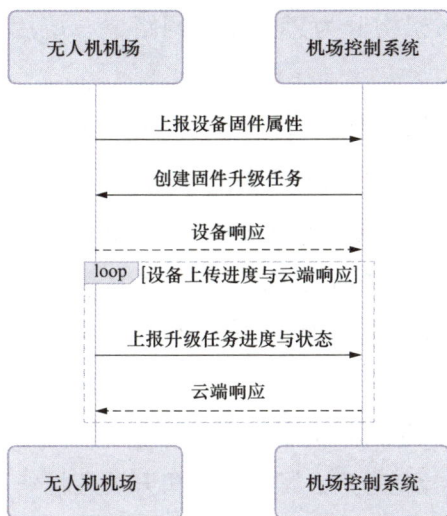

图2-23 无人机机场固件升级时序图

（2）数据交互接口要求。主要的固件升级功能要求包括固件属性检查要求和固件升级任务进度要求，如表2-7所示。

表2-7 固件升级数据交互接口要求

序号	类别	内容
1	固件属性检查	1）升级前应读取无人机和机场固件版本号
		2）应检查待升级的固件版本号、文件md5、固件大小等
		3）应支持设置固件升级类型

序号	类别	内容
2	固件升级任务进度	1）应提供固件升级状态，如执行中、执行成功、超时、失败等
		2）应提供固件升级进度百分比
		3）应反馈固件升级结果

2.3.4 数据传输及处理关键技术

1.机场的信息接入

机场的信息接入架构分为感知层、网络层、应用层，具体如图2-24所示。

由于数据的私密性，网络被划分为信息内网（其中管理电网业务的区域为管理信息大区）、信息外网（即互联网大区）、互联网三个区域。机场模块在信息内外网均部署，机场可通过两种方式接入，一是机场安装于互联网，通过安全接入网关接入互联网大区；二是机场直接通过VPN安全接入管理信息大区。机场模块包括业务管理展示相关的机场调度部分和提供与机场对接的机场服务部分。

2. 巡检结果与任务的闭环关联

机场在接收到巡检任务后，配合无人机开展巡检作业，并且在巡检结束后，无人机中的巡检数据通过机场回传到管控平台上。在巡检数据上传过程时，首先机场对巡检数据与任务绑定，然后将任务标识以及巡检数据传输给平台，平台在收到信息后，将巡检结果与执行的任务关联，实现任务执行的闭环。

3.巡检图像自动规范命名

关于数据归档，一个有效的做法是将无人机巡检航线点位与拍摄照片命名一一对应。巡检人员根据巡检的杆塔类型选择对应的巡检导则，这些导则规范了无人机的拍照点位和顺序。随后飞手根据导则要求按顺序进行无人机巡检并拍照，算法随后通过拍照的先后顺序进行自动命名。

命名格式可为电压等级—巡检线路—杆塔号—巡检部位，如220kV长峡

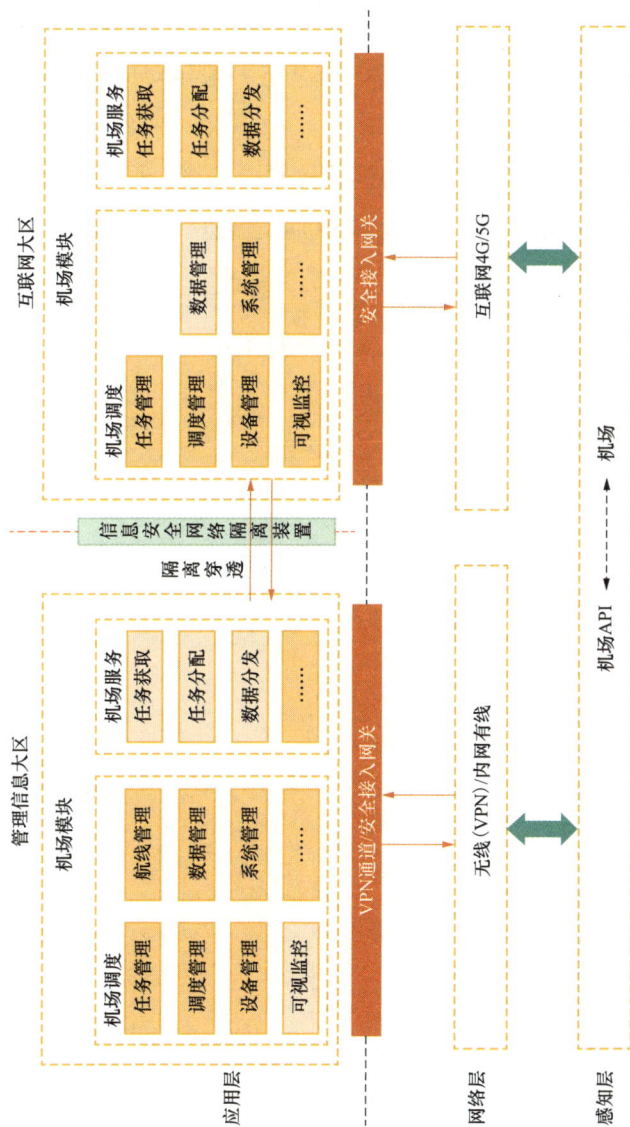

图2-24 机场信息接入架构

线_长峡线1号_左回大号侧通道，便于后续的数据筛查。

4.巡检结果的缺陷处理

命名归档后，下一步需要对其进行缺陷筛查，传统的审核方式需要班组成员对照片进行逐一审核，工作量大。对此可通过人工智能算法对照片进行智能筛查以提升工作效率，这种缺陷筛查任务一般可对应深度学习中的目标检测任务，具体描述如下：

（1）部署智能识别模型，并与机巡管控平台对接，形成调用接口。

（2）建立图像识别任务，调用智能识别模型进行缺陷识别，得到缺陷记录，并将记录推送至PMS。

第 **3** 章

电力无人机机场应用关键技术

3.1 机场部署环境基本要求

3.1.1 机场部署基础条件

应用机场的前提是进行机场的有效部署。机场部署主要应考虑的因素包括地形条件、供能条件、网络环境、周边空域条件等，具体情况如下：

（1）在部署地形条件方面，由于机场通常是在户外露天部署，为确保机场在露天环境下正常工作，现有机场多具备 IPv4 ~ IPv6 的防水等级，可长期在非浸泡条件下实现机场的待机或作业。但在实际使用中应尽量将机场部署在地形高处，避免因积水浸泡带来的电子设备损坏。

（2）在机场供能方面，因无人机机场涉及高温、高湿环境下的自持能力，故多配备有空调、除湿器等设备，需满足不少于 1000kW 的供电能力；同时设备的供电线路应尽可能从高处走线，避免因浸泡带来的漏电风险。根据现场使用情况，采用外部接线供电、风光储联合供电等方式。

（3）在网络环境方面，部分机场因精准降落需要，多部署有携带网络功能的 RTK 模块，需借助移动运营商 4G/5G 公网来辅助无人机实现降落过程的精准定位，在无运营商信号覆盖区域无法进行部署；部分机场系统可借助星基定位增强系统，利用卫星通信链路实现无运营商网络覆盖区域的机场部署，但设备和使用成本相对较高。如图 3-1 所示，在网络覆盖不足的区域，采用机场构建自组织网络，支撑现场无人机巡检信息的交互。

（4）在周边空域条件方面，电力无人机机场部署还需考虑禁飞区域、无人机巡检作业半径用空需求、法规限制、公众影响等多种因素影响，是一类复杂约束条件下的优化决策问题。如军事禁区、政府大楼等敏感区域、离居民居住区域过近有噪声影响等。这些局部位置限制都会对无人机起降空间和巡检线路造成影响，间接限制了电力无人机机场的选址。

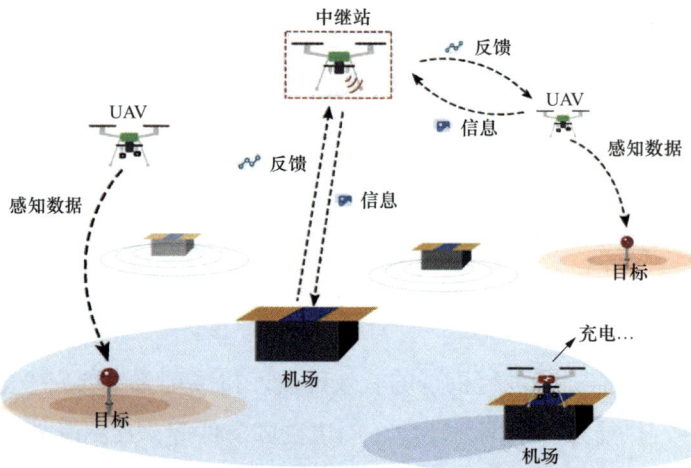

图3-1 基于机场的自组织蜂窝网络

3.1.2 机场部署区域

基于3.1.1的讨论，无人机固定机场选址原则主要考虑机场部署区域不容易受到外界因素干扰，以及机场供电和网络通信需求。在实际场景中，为了便于管理，电网巡检所用的机场尽量部署在属于电力系统自有的物业区域，通常部署在供电所楼顶、管辖的变电站内或者电力杆塔上。基于这些原则并结合"电网一张图"，地形数据和禁飞区信息综合研判可初步筛选获得满足全部硬性要求的候选点位集合，从而在保证选址合理性的同时缩小算法搜索空间，显著提升取得全局最优解的可能性。

1.变电站生活区及空旷区域

选点时应尽量选择空旷区域，减少地形因素对无人机行动产生限制。部署至变电站内，整体系统可通过软件平台为无人机设置电子围栏功能，禁止飞入或横穿变电站上空，根据参考市面常规无人机机场部署点位，变电站生活区及空旷位置等便于无人机起降点位为当前电网巡检无人机机场产品系统部署最佳位置。

同时，在变电站空旷区域中部署无人机机场，通常能够便捷地获得电能供应，而在通信方面，可以考虑尽量将无人机机场安装在运营商通信基站能覆盖的地方，从而通过无线或有线网络实现数据传输，以增加通信链路多样性和鲁棒性。一般来说，无人机机场的网络带宽应大于20Mbit/s且上下行对等以保障无人机巡检过程的操控交互、影像数据的快速回传等需要。其大致环境如图3-2所示。

图3-2　变电站空旷区域

2.供电所办公楼楼顶

相较于地面情况，一般来说在楼顶位置更加空旷，能更好地保障机场的信号不受遮挡，所以可将无人机机场部署至供电所办公楼楼顶，如图3-3所示。

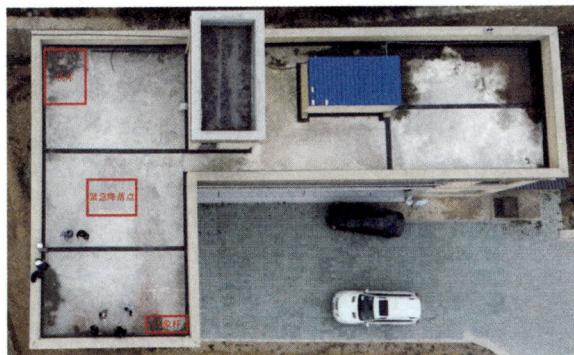

图3-3　供电所办公楼楼顶

但是鉴于部分地区存在极端风力情况，在楼顶部署无人机机场需要考虑到对机场平台的加固，加固方式可以采取将机场的水泥固定平台尺寸稍微扩大，同时将平台中间留出部分空隙以减重，然后将机场四个角用固定件以及膨胀螺栓与底部平台相连，这样便能达到防风效果，如图3-4所示。

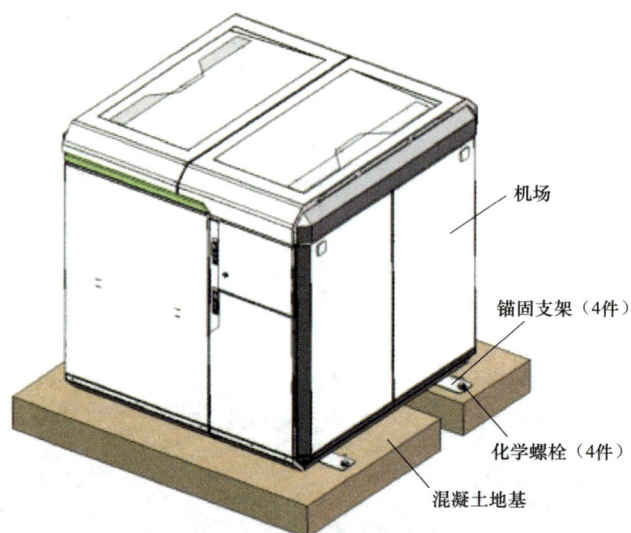

机场

锚固支架（4件）

化学螺栓（4件）

混凝土地基

图3-4　楼顶机场防风示意

同时，要考虑到房屋楼顶自身的承重条件，要保障机场部署的安全性与合理性，还要做好楼顶环境的排水功能，防止下暴雨等极端天气情况造成房顶积水使无人机机场以及电力、网络等走线长时间泡水导致故障。

3.户外电力塔杆

随着无人机机场的发展与应用，电网线路巡检措施与方案有了新的思路。通过在杆塔上合理部署无人机机场，不仅能替代人工运维，实现覆盖区域内电网线路的全自主巡检，而且还能减少巡检时间，提升电网运维效率。

对于在电力塔杆上部署无人机机场，要考虑无人机机场的自重和附加风载荷对原有塔杆的影响，需要对其进行力学计算分析以寻找最佳位置，达到既能满足无人机执行飞行任务又不给杆塔造成安全隐患的目的。同时，还要考虑无人机机场安装位置周围的空间，保障无人机安全起飞以及精准降落。如图3-5所示，是一个安装在户外电力杆塔上的无人机机场，在这种情况下必须要对塔杆受力进行合理分析，否则会埋下严重的安全隐患。

图3-5　塔上无人机机场

在了解电力无人机机场部署的基础上，接下来将对机场应用中所涉及的关键技术进行阐述。同时，为了便于查阅，附录B中给出了无人机固定机场技术要求作为参考。

3.1.3　飞行空域限制

根据国务院2023年5月31日公布的《无人驾驶航空器飞行管理暂行条例》（简称《条例》）划设了无人驾驶航空器管制空域，并定义了微型、轻型、小型无人驾驶航空器适飞空域概念。在《条例》中第十九条中明确了发电厂、变电站等公共基础设施以及周边一定范围区域属于无人驾驶航空器管制空域。管制空域的范围由各级空中交通管理机构确定，并由相应政府机构公布，民用航空管理部门和承担相应职责的单位发布相关航行信息。未经空中交通管理机构批准，禁止在管制空域内进行无人驾驶航空器飞行活动。根据上述描述，以下无人机机场的部署区域无人机起降活动可能会涉及无人机在管制空域运行情形，需要提前做好飞行活动申报。

1. 变电站区域

变电站上方空域通常不适合普通未做任何加强防护措施的无人机飞行。变电站是重要电力设施，站区内有高压电线、变压器等关键设备，无人机可能会对设备和人员造成威胁，影响电力生产和供应。此外，变电站产生的电磁场可能会对无人机的电子设备和通信系统产生干扰，影响无人机的飞行传感、控制和通信等部件的性能，导致飞行稳定性、导航定位、避障、通信等能力受到干扰，增加无人机发生事故的风险。

若要在变电站上空进行无人机飞行活动，需要在进行无人机飞行之前，获得相关的飞行许可和遵守当地的无人机飞行规定，这可能包括获得特定的飞行许可证或执照，并遵守飞行限制和禁飞区域。根据变电站内部的环境和要求，确定适当的飞行高度和速度，需要考虑设备的高度、风速、通信信号的稳定性等因素。在飞行前，必须了解变电站的结构、布局和安全规定，准确把握飞行区域和障碍物的位置。在变电站内部进行飞行时，需要保证无人机具备有效的避障和导航系统，必须保持无人机的通信稳定，及时监控无人机的飞行状态和飞行参数，防止无人机与设备、障碍物或者建筑结构发生碰撞。在变电站内部进行无人机巡检时，需要确保人员的安全。这可能包括限制无人机飞行区域，确保人员远离正在飞行的无人机，并提供必要的安全装备和培训。

2. 供电所区域

在供电所楼顶部署无人机机场时，由于楼顶环境在通常情况下都比较空旷，比较适合无人机的飞行。同样，在起飞前应做好飞行准备：利用地面站、飞行控制器等终端控制无人机起飞时，需要确保无人机通信顺畅；严格遵守当地无人机飞行相关限制，注意禁飞区域的设定，规划好预计航线以及飞行高度；了解供电所内部和周边的环境，避免无人机在飞行过程中对供电所区域相关设备以及线路造成损坏。同时，要保证无人机飞行员经过训练，并持有相关培训证件，能够应对巡检过程中的突发意外情况。

3. 塔上机场

在户外电网杆塔上部署机场，对无人机的飞行会产生一些限制。机场设置在电网线路杆塔上，需要根据杆塔高度、位置、周围环境和设备情况，确定适当的飞行高度，并且保持安全距离。保证无人机与电网线路保持足够的垂直和水平间隔，且无人机与电力线路之间应遵守最小安全距离等相关规定，以免发生电击或干扰输电系统的情况，确保不会对线路造成危险。无人机可能需要绕过塔上的机场，以避免干扰塔上的设备或线缆，需要与无人机进行通信。确保无人机配备有效的避障和导航系统，以避免与输电线路、障碍物或其他飞行器发生碰撞，这可以通过使用避障传感器、GPS 导航和实时监控来实现。飞行时应考虑风速和天气条件对无人机的影响，强风或恶劣天气可能会对无人机的稳定性和飞行能力产生负面影响，因此需要在合适的天气条件下进行起降。

4. 电网线路巡检

无人机巡检作业应在符合当地规定的适飞空域内进行，这是为了保证无人机飞行活动的合法性和安全性。无人机的线路巡检作业分为视距内和超视距，视距内同场是指巡检人员携带多旋翼无人机到杆塔附近按照预定路线对杆塔进行精细化巡检，飞行过程有人员目视观察无人机状态。超视距运行则是指无人机借助塔上无人机机场等设施进行"跳点式"运行。这两类飞行对于无人驾驶航空器运行管理部门（如民航局）而言是有显著差异的，在相关飞行活动管理中也会加以区别。尤其是在超视距自动化作业巡检过程中，无人机应与周围障碍物保持一定距离，这对无人机本身的导航性能和航线保持能力都提出了较高要求，对局部天气情况有一定掌握，避免大风或雷雨天气作业。

在巡检过程中，无人机应确保周围没有障碍物，如山峰、建筑物、高压线等，以避免碰撞或干扰。某些特定区域，如军事基地、政府机构、机场等，可能被列为禁飞区域。无人机在巡检时必须遵守这些限制，以避免违规行为和安全事故。为了不影响输电线路的正常运行和安全，无人机在巡检时应限制飞行高度，飞行过程应保持在特定的最低和最高高度限制内。无人机巡检作业应在良好的天气条件下进行。恶劣天气（如大风、暴雨、雷电等）可能会对无人机飞行造成影响，并可能引发安全隐患。在特殊情况下，如大风或雷雨天气，应立即停止巡检作业。无人机巡检时应遵守当地空域管制规定。在某些地区，空域可能受到军事演习、航空运输等活动的限制。无人机操作员应及时了解并遵守相关的空域管制信息。

3.2 无人机起降技术

3.2.1 无人机起飞保障

为保证无人机的安全飞行，在起飞前首先要将无人机机场通电，确保电控柜的控制开关打到正确位置，自动机场设备可以通电使用，在机场通电后，机场设备、风扇、空调、除湿机等开始正常运作，则机场通电正常。然后，给气象站通电，将气象站控制开关打在正确位置，当气象站交换机、风扇、空调等设备正常运转时，则代表通电正常。同时，启动地面控制中心的控制软件，与无人机机场进行对应连接，完成机场调试，再打开机场大门、电气柜门等。在机场启用后应始终保持通电状态，保证机场内部设备正常运行，保持机场内部温、湿度控制在规定范围，以免高温、低温、高湿等环境导致机场和无人机电子元器件快速老化或失效（如无人机电池不应该存放在高于45℃或低于0℃环境中，高温易导致电池胀气鼓包，低温易导致电池性能严重下降）。若在工作状态下出现机场异常断电应尽快恢复供电并检查连接是否存在异常。

飞行前需参考气象状态是否满足飞行条件，气象状态包括机场自带的微气象站实测数据和通过网络获取的局部气象数据。其中微气象站基本数据分为温度、湿度、风速三个参数，部分微气象站可能会增配有雨量计，增加雨量感知能力来判定无人机是否具备起飞条件。网络气象数据包括无人机机场所在地区的温度、风力、天气三个状态。

在满足飞行条件后，无人机做好起飞准备，无人机机场舱门打开，平台自动升至顶部，向无人机发出起飞指令，无人机起飞工作后，平台下降，关闭无人机机场顶部舱门，完成无人机的起飞。根据3.1中无人机机场部署环境分类，可大致描述三类环境中无人机从机场起飞的环境限制：

（1）变电站内无人机机场。这类场景中，往往无人机也是针对变电站内线网进行巡检，在变电站中，通常会分布有较密集的线路以及塔杆，实地环境情况会较为复杂，而无人机巡检任务往往集中在变电站内，对于用空区域和范围需求往往不大。

（2）供电所楼顶无人机机场。机场安装在供电所办公楼楼顶有利于无人机的起飞，因为楼顶区域宽阔，信号良好，对无人机作业的障碍较少。无人机从供电所起飞后可能会飞行较远距离开展巡检，这种情况下主要关注用空的限制，需要设定好飞行高度等，遵守用空管制规定。

（3）塔上无人机机场。安装在户外电力塔杆上的无人机机场上空往往会有输电线路，此时无人机起飞会受到较大限制，需要根据实际线路距离机场顶部的高度差，来设定无人机起飞高度限制，留出满足安全飞行的高度裕量，防止无人机与线路相撞造成严重后果。同时，还需要考虑机场周围的树木、房屋等复杂情况，确保无人机飞行的安全性。

多旋翼无人机控制系统设计有自动起飞模块，其在接到起飞操作指令后，系统会自动设定预计起飞的高度值并控制无人机起飞，即使在GPS定位精度不够的情况下，也可以自动飞行至预设位置。多旋翼无人机在作业人员解除控制锁定后，可以通过自身系统自动计算当前实时气压计数据的观测高度。接着，基于导航系统解析计算加速度设定值，求垂直高度的物理量，通过卡尔曼滤波（Kalman Filter）后取得最佳的初始高度值，判断初始高度值是否达到设定值，达到初始高度时开始高度计算测试和分析。垂直通道上，通过串级PID控制器实现对高度位置变化的控制。通常会设计位置环和垂向速度环的二级串级PID控制器，从气压传感器和惯导坐标系转换后的高度进行组合卡尔曼滤波获得导航高度状态值作为负反馈。其设计流程如图3-6所示。

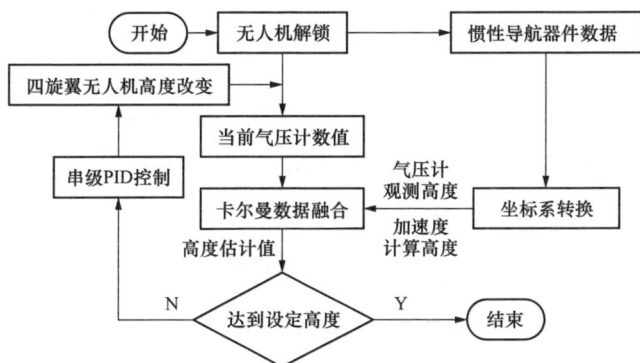

图3-6 多旋翼无人机自动起飞设计流程图

3.2.2　无人机降落过程

当无人机需要返航时，无人机机场机盖和平台应该做好迎接无人机的准备，无人机机场舱门提前打开，舱内平台上升至顶部，等待无人机返航降落。确认无人机降落完成，并准确落在平台规定范围内然后平台下降至底部，关闭机场舱门，存放无人机。

与无人机起飞过程类似，在无人机返航降落时，同样需要顾虑气象以及周围环境等的影响，需要针对不同场景的特点进行无人机降落规划，并对无人机导航定位精度、自主降落能力有更高要求。其中，无人机自动返航降落流程如图3-7所示。

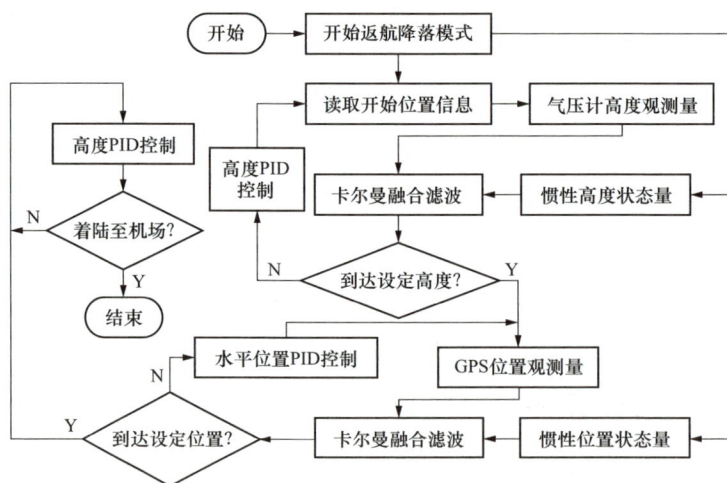

图3-7　无人机自动返航降落流程图

在多旋翼无人机完成设定航线飞行后进入返航和降落模式，回到初始起飞坐标点，并自动着陆至机场。完成巡航任务后先进行高度控制，将设定的返航高度设定为10m，达到返航高度后加上水平位置控制，将起飞前的初始坐标点设为水平位置设定值。检测到当前水平位置和初始起飞位置之间的误差小于固定值时，确定该位置为返航初始起飞位置，并开始垂直高度控制。在自动下降高度的过程中，可使用与起飞过程相同的垂向串级PID控制器。但组合导航的气压高度计可能会随着局部气候环境变化发生高度测量不准，因此在该环节中除了气压高度计和惯导组合高度，往往无人机还会引入视觉标识来辅助精确测量无人机到机场平台表面的高度测量。

3.2.3 无人机的快速降落

为了在无人机返航降落时能够提高降落精度以及减少降落时间，提出无人机快速降落方法（见图3-8），此方法将无人机降落过程分为两个阶段：着陆平台搜索阶段和快速降落阶段。

在着陆平台搜索阶段，无人机首先选择一个GNSS信号良好的位置作为降落起始点，获取起始点经纬度信息，将其与已知的目标降落点位置信息对比。通过初始相对位置信息，可以确定云台初始角度，使降落点成像在图像的中心。然后无人机进入到快速降落阶段，无人机根据视觉导航开始执行降落动作。根据无人机与降落点的相对位置关系采取了不同的导航策略，首先结合机载相机状态和图像信息计算无人机实时位置，以引导无人机靠近降落平台；其次当无人机到达降落点上方时，调节相机光轴垂直向下，使用像素坐标信息导航。

在降落过程中，降落点越早被发现和识别，视觉导航就能越早介入来获取更加精确的实时空间坐标。图3-9体现了无人机与降落平台之间的相对位置关系。

一般而言，寻找地面上目标的方法是让相机光轴垂直于地面，通过无人机的移动使降落地标进入到相机视野，但是这种方法视野空间受限且前瞻不足。因此，也有无人机厂商提出一种新的获取视野前瞻的方法，例如下滑过程中同时调用三轴云台来控制相机的姿态朝向无人机机场表面的视觉信标，协同控制无人机位置和云台姿态，其本质是在预知目标机场位置和无人机相对位置关系来调整相机云台姿态辅助相机更快搜寻到无人机机场。图3-10所示为降落过程相机姿态调整方法示意图。相机的实时姿态由三轴云台实时进行控制。

3.3 机场能量补充及供给技术

3.3.1 机场能量补充技术

机场需要接收能量供给以维持自身运行以及向无人机供给能量。由前文

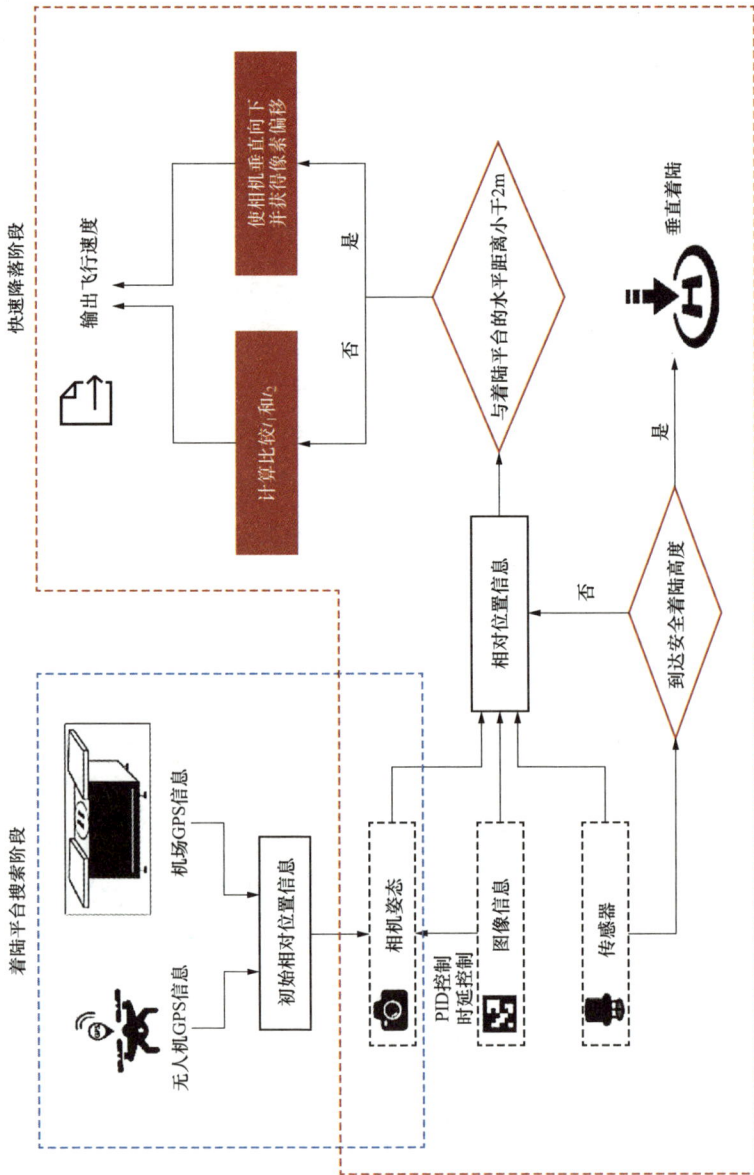

图3-8 快速降落方法示意图

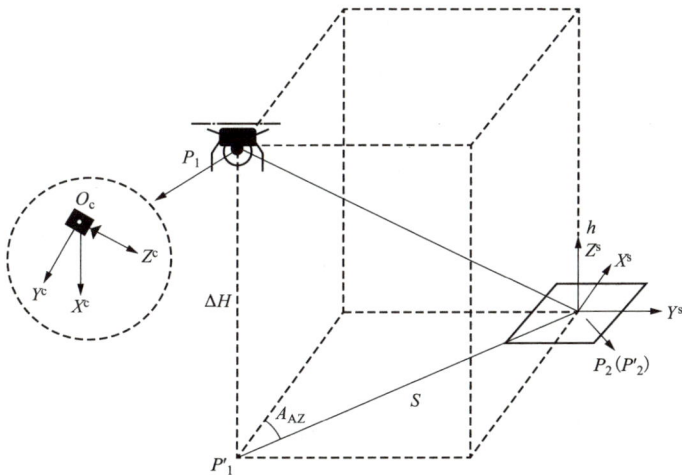

图3-9　相对位置关系示意图

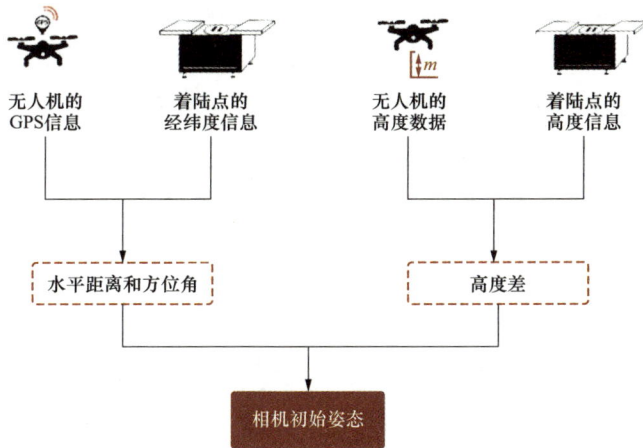

图3-10　降落过程相机姿态调整方法示意图

可知，对于安装地点电能获取方便的机场，如安装在变电站内与供电所内的机场可以通过直接引入220V电源直接对机场以及气象站进行交流供电，但对于部分不具备条件的机场，则需要考虑机场的能量补充方式。

　　与无人机机场相关的能源补给智能控制技术，国外研究较少，但是在风光储一体化综合能源补给装置的优化控制方面，美国发展较早，研究技术和应用都广泛领先于其他国家。

1.适用于输电铁塔布设的特种风力发电装置研制

在输电铁塔上布设风力发电装置时，风机旋转和角动量会对铁塔产生长期不对称扭力。为避免对铁塔的影响，先要建立输电铁塔力学模型，再对输电铁塔不对称扭力分析，最终确定风机设计总体方案。

依据风力发电装置安装在电力杆塔输电铁塔特定空间的大小、安装地点常年风速以及无人机机场的功率需求，进行特种风力发电装置的初始设计，确定其额定工况下发电机转子的转速、桨叶叶型、桨叶长度等关键几何参数，以满足发电功能需求。首先，选取传统风力发电装置，建立风力机组与输电铁塔整体结构的力学模型，以风力机组在输电塔架上的安装位置、工况、塔架附近的气象条件为变量，定量分析传统风力发电装置工作时，对输电塔架产生不对称扭力的大小、方向，以及对输电塔架结构的影响，为后续可消除不对称扭力的特种风机总体方案设计奠定基础。然后，在输电塔架不对称扭力成因与规律分析的基础上，开展可消除不对称扭力的特种风力机组（简称风力机组）总体方案设计。考虑到布设在电力杆塔上的传统风力发电装置、长期旋转工作时其角动量会对铁塔产生不对称扭力的因素，建议采用共轴异向双风轮结构等特殊结构的风机，有利于优化整个装置的力学性能，共轴异向双风轮结构如图3–11所示。

前风轮与主轴通过轴承连接，主轴与电机转子连接，其输出转矩直接传递至电机。后风轮与齿轮箱相连接，齿轮箱内安装行星齿轮。后风轮转

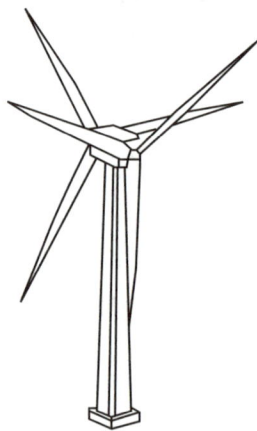

图3–11 共轴异向双风轮结构设计示意图

矩通过行星齿轮反向传递至发电机。轴承与齿轮箱由套筒相连接，可抵消上下旋翼在不同方位角不平衡升力产生的弯矩。齿轮箱结构如图3-12所示。

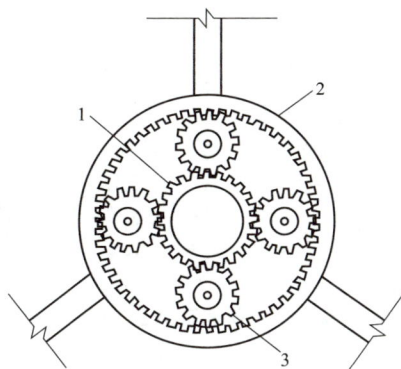

图3-12　齿轮箱结构图

1—太阳轮；2—齿圈；3—行星轮

　　齿轮箱包括太阳轮、齿圈、行星轮。其中，齿圈位于齿轮箱外壁的内侧，齿圈与下风轮支撑杆连接，为输入轴；太阳轮的转轴为主轴，并且是电机转子轴，为输出轴；行星轮与齿轮箱下部承台固定连接，通过行星齿轮的调向，将上下风轮的转矩通过太阳轮传至发电机。上部承台与旋转主轴固定连接。外齿圈与承台反向旋转，并通过滚珠圈将升力传递给主轴。

2.风光储一体化集成直流供电系统架构

　　将蓄电池超级电容器混合作为储能装置，系统架构如图3-13所示，它由风力发电机组、光伏阵列、控制器、蓄电池、超级电容器、变流器、负载等组成。

　　超级电容器和蓄电池通过双向功率变换器进行并联，功率变换器有变流的作用，可以控制蓄电池的充电电流和放电电流，提高混合储能系统的性能。蓄电池通过双向功率变换器向超级电容器和负载供电，同时，超级电容器也可以通过双向的功率变换器给蓄电池进行充电。在系统工作的过程中，超级电容器对风、光功率的随机波动进行缓冲，并且为脉动的负载提供瞬时功率，而蓄电池通过功率变换器以恒定的电流方式输入和输出。

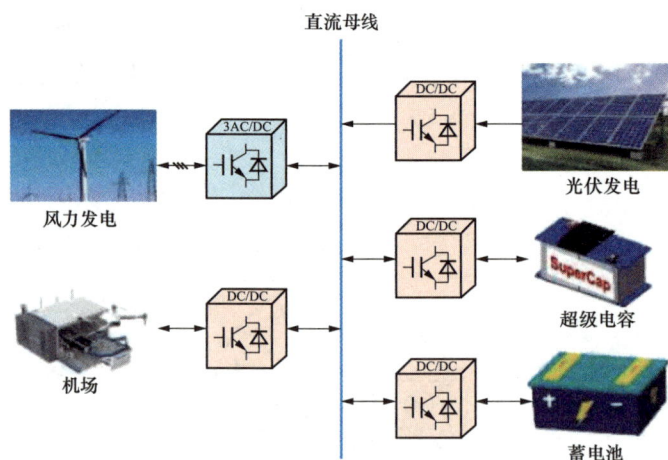

图3-13　风光储一体化集成直流供电系统架构

3.风光储多能互补全天候能量补给技术

为了避免传统能量采集功率管理系统架构中的高比率转换，提高端到端能量转化效率，充分发挥锂电池与超级电容各自的优点，由超级电容与锂电池组成的混合存储的多模式的能量采集补给方法，如图3-14所示。这种架构有降压充电模式、补充放电模式和直接供电模式三种操作模式。

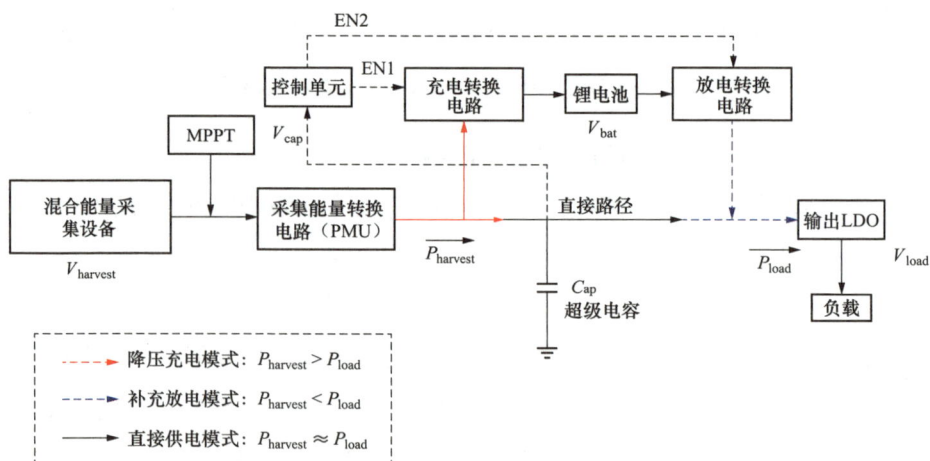

图3-14　多模式的能量采集补给方法

如图3-14所示，多模式的能量采集补给方法包含三个转换电路：采集能量转换电路、充电转换电路以及放电转换电路。混合能量采集设备将环境中的微弱能量转化直流电能，经过MPPT控制后传输到采集能量转换电路，采集能量转换电路进一步将输入的微弱能量升压处理后存储到超级电容中，实现对超级电容充电过程。充电转换电路将采集到的多余的能量二次升压后存储到锂电池中，实现对锂电池充电过程。放电转换电路在采集能量不足的情况下通过对锂电池电压进行降压处理向负载提供必要的功率补偿，实现锂电池放电供给负载转换过程。输出LDO是一个数字低压差线性稳压器负责向负载提供稳定的工作电压。控制单元通过对采集功率$P_{harvest}$与负载消耗功率P_{load}的计算与对比，进而控制模式的切换，减少锂电池的充放电比率，提高端到端转换效率。

在降压充电模式下，$P_{harvest} > P_{load}$，混合能量采集设备经能量采集转换电路后通过直接路径给负载供电，同时将多余的采集能量经充电转换电路升压后存储到锂电池中，避免了能量的浪费。

在补充放电模式下，$P_{harvest} < P_{load}$，负载接收来自直接路径的能量，同时锂电池经放电转换电路降压操作后为负载供电，补充直接路径的能量不足，减少通过高转换率路径的能量，从而提高整体转换效率。

直接供电模式下，$P_{harvest} \approx P_{load}$，仅通过混合能量采集设备到负载的直接路径为负载供电，锂电池不参与负载供电，同时锂电池不充电也不放电，该模式下仅有超级电容作为中间能量缓存器件，超级电容充放电损耗可理想化为零，允许超级电容的电压V_{cap}在一定范围内波动，直接供电模式下没有锂电池的参与能够有效降低能量转换比率。

3.3.2 多能互补

1.多能互补分布式能源系统集成构架

能源系统构架明确了系统的组成部分以及它们之间的相互联系，多能互补分布式能源系统构架具有一体化特征，其一般性构架如图3–15所示。一端与无人机机场连接，另一端提供不同电压等级的母线来扩展不同的接口；各种分布式能源通过即插即用接口接入能源路由器；能量管理单元通过通信系统采集能源路由器内部及各分布式能源的信息，并融合各种信息来产生控制信号，实现对能源路由器能量流动方向的控制与调节。

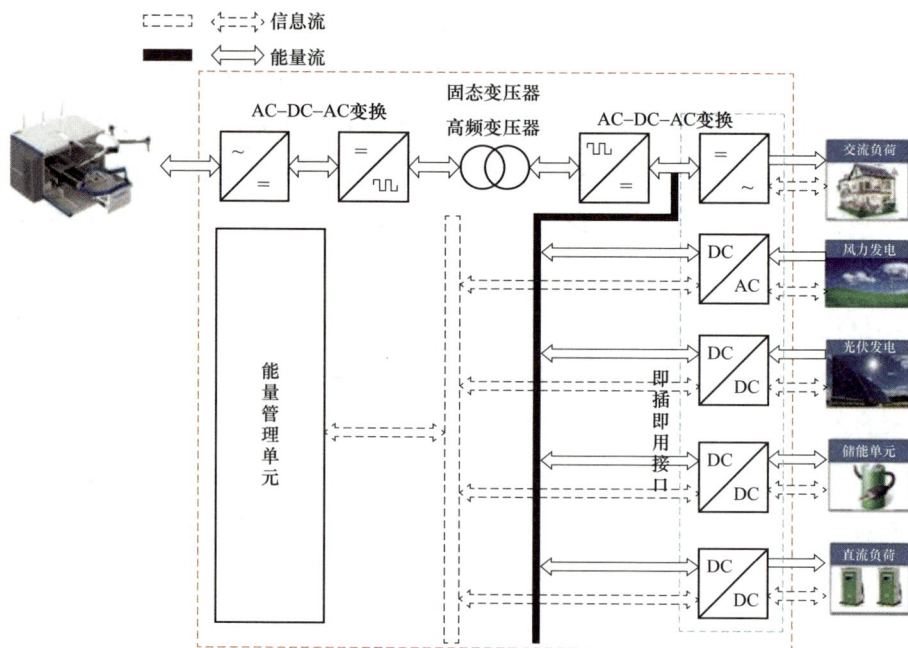

图3-15　风光储多能互补分布式能源系统一般性构架

多能源互补集成应遵循因地制宜的指导准则，在优先发展可再生能源的基础上，合理开发利用本地能源资源，实现可再生能源与化石能源的协同转化。在能源转换过程中，需要遵循能势匹配、梯级利用思想，构建新型高效多能互补分布式能源系统，结合源荷时空分布特性，合理配置系统设备和储能元件，实现终端能源需求的可靠灵活供应。多能互补分布式能源系统的集成优化需要从基础理论和技术方法等多层面对系统协同转化与能势耦合机制，以及系统规划方法进行深入研究。

2.机场与能源补给装置之间的能量与接口设计

外部设备接入能源路由器后，能源路由器必须能够保证整个系统运行的稳定性，为验证外接设备能否即插即用，本项目先从整体对能源路由器内部功率流动进行分析。图3-16为能源路由器接口在无人机机场的应用场景，接入的分布式能源包含风力发电、光伏发电、储能、负载、电网，涵盖了各种类型的接入设备。

P_W、P_S、P_B、P_L、P_{cap}、P_G分别为风力发电供电功率、光伏发电供电功

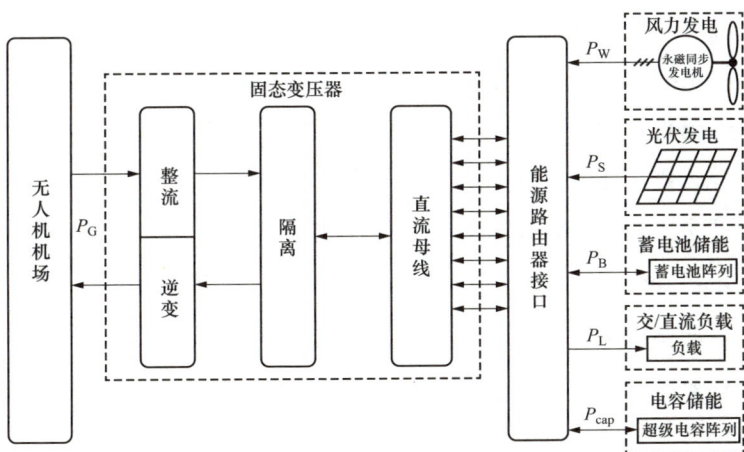

图3-16 能源路由器接口在无人机机场的应用

率、储能单元净供电功率、负载消耗功率、电容净供电功率、电网净供电
功率。

（1）接口电气部分设计。

不同的分布式能源需要不同的电路接入能源路由器中，例如光伏、风力
发电电路可以通过单向的升压电路接入，普通的用电设备只需单向的DC电
路接入，储能电池需要通过双向升降压电路接入。但是对于相近电压等级、
功能的接口，标准化后仍可降低安装、生产的成本，例如双向变换电路一定
可以满足单向的需求。能源互联网要求对用户侧开放，而且未来的能源路由
器一定有储能的接入，这些都要求接口具有双向的功率流动，因此接口的拓
扑结构可以采用双向DC/DC变换电路。双向DC/DC变换电路指的是可以正向
也可反向传输电能的变换器，其运行时的功率流动示意如图3-17所示。

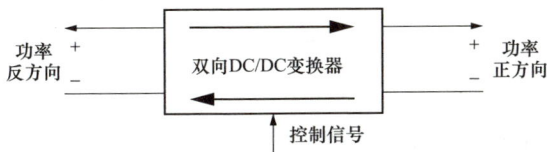

图3-17 双向DC/DC变换器功率流动示意图

通过控制信号，同一个电路可以实现电能两个流动方向的切换。由于双
向DC/DC变换器的这个特点，不需要单独设计两个方向上的变换器，而且部

分元器件可以共用，因此减少了元器件的数目，降低了设备的体积。

Buck/Boost双向DC/DC变换器由于没有隔离变压器，不需要交直流变换，因此所需元器件数目较少，控制也相对较简单，设备的体积相对也较小，并且没有气隙、铁芯带来的损耗，能量转换效率较高。另外DC/DC变换器使用的开关器件主要是MOSFET或者IGBT，这些开关器件一般采用半桥的方式进行封装。采用Buck/Boost双向DC/DC变换器时，可以使用一个单独的半桥模块成品，方便系统的设计与开发。此外，将这种基础的半桥模块进行串并联组合，可以设计出更大功率的电路。因此选取Buck/Boost双向DC/DC变换器作为能源路由器接口电气电路。

（2）信息部分接口设计。

能源路由器一方面要与接入设备建立通信连接，获取其必要的设备信息，为其提供合适的服务；另一方面要能够传送自己的运行信息给管理单元。接入设备与能源路由器交互时，能源路由器扮演客户端的角色，通过相关服务与接入设备建立连接，读取接入设备的相关信息。同时，能源路由器也要扮演服务器的角色，由管理单元读取其相关信息，或者能源路由器主动上报自己的相关信息，用于对能源路由器内部能量流动进行控制。接口信息通信结构示意如图3-18所示。

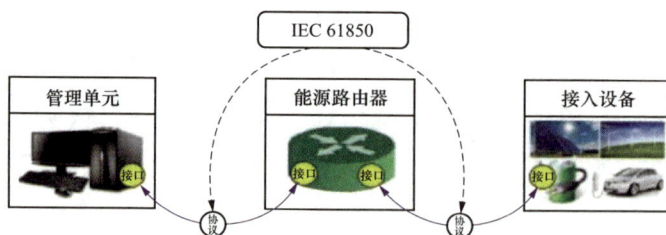

图3-18　接口信息通信结构示意图

采用的通信协议栈MMS可以在TCP/IP以及RS485等多种底层通信协议上运行，但是目前信息互联网中普遍使用的是TCP/IP协议。因此本项目采用MMS+TCP/IP+以太网的通信方案来设计能源路由器接口信息通信系统，通信模型如图3-19所示。

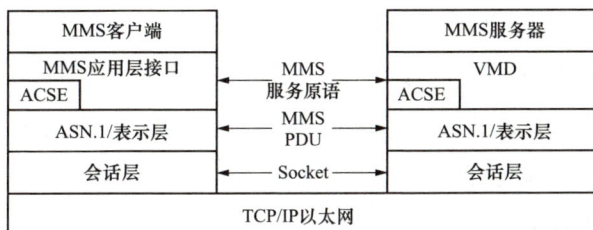

图3-19　MMS+TCP/IP+以太网通信模型

IEC 61850标准统一了设备的建模方法及访问模型的服务，使设备间操作时能够理解具体数据的含义，也屏蔽了底层通信协议的不断发展带来的影响。通过映射到MMS通信协议上，一方面统一了设备间交互的方法，另一方面可以随时采用当前最新的通信协议。

3.4　机场配置远程控制技术

无人机机场的出现为各行各业提供了全新的无人机自动值守解决方案。相比于人工操控式无人机，无人机机场作为一种自动化智能设备，其无人值守能力使得操作人员无需到达现场，仅需坐在办公室便可完成整个任务。然而，这也带来了一些特殊的技术要求。

无人机机场要求运用高效准确的机场远程控制技术，以确保整个作业过程的顺利进行。这种技术也是无人机机场的必备技术之一。通过先进的遥控技术，无人机机场能够实现从远程地点对机场和无人机进行全面的实时控制和监控，包括飞行过程中的位置调整、拍照、录像等，也可用于远程排障工作。智能化的远程控制，无疑能够有效地提高工作效率，同时降低运维成本。

一般来说，远程控制技术用途可分为业务使用和维保使用两类。业务使用方面，远程控制可以满足各种航拍任务。而在维保使用方面，远程控制技术则能够对无人机进行全面的监测及分析，通过实时数据反馈，可以精确了解无人机的运行情况，从而及时发现、诊断和修复潜在的故障隐患，提高整个系统的可靠性和稳定性。

业务使用上，远程控制主要应用之一是视频直播远程发起，用于实时观测无人机当前的飞行状况和周围环境。这个功能能够确保操作人员能够在任何地方实时监控无人机的行踪，及时发现安全问题并采取措施。

此外，远程控制还必须具有一项非常重要的安全功能——返航功能。在遇到紧急情况或者需要突然改变作业计划时，使用返航功能可以帮助无人机避免飞入危险区域或者飞行范围之外。操作人员可以在后端管理系统中下发返航指令，无人机会立即触发自动返航程序。这种功能操作简单，且能够有效保障无人机的运行安全。

对于一些非计划巡检任务，有时需要人员实时操作无人机，一些机场也具备了指令飞行和摇杆远程操控等功能，以满足这一需求。指令飞行技术允许用户在地图上随时标注位置点，在设置完成无人机的飞行高度和速度后，无人机就能够自动前往目的地，完成一系列指定的飞行路径。这种技术操作简单方便，能够快速完成对某一区域进行巡检、调查的任务，同时保证操作人员的安全。摇杆远程操控则是允许操作人员可以通过远程控制器对无人机进行全方面遥控，包括飞行、相机拍摄等各种操作。这种技术不仅提高了无人机的使用效率，同时也拓展了无人机机场的应用场景。

维保使用上，远程控制能大幅降低人员去现场维护的频次。从实际使用经验来看，很多场景通过重启设备或其他调试就可恢复正常，远程控制可以完美实现这一需求。此外，遇到疑难问题时，远程控制可以直接拉取无人机和机场的运行日志，便于生产商协助分析，提高问题解决效率，节约时间和成本。最后，无人机机场作为一个快速发展的技术，软件更新升级必不可少，远程控制可以实现固件远程升级，无需人员前往现场，仅需简单的几项操作，就可以直接体验升级后的新功能和bug修复。总而言之，远程控制技术发挥作用显著。与人员去现场维护相比，该技术能够大幅降低人员到现场维护的频次，提高维护效率，同时减少了工作人员的出行成本和劳动强度。

3.5　机场的故障诊断与常见故障排除方法

在机场实际工作中，难免会遇到一些故障或问题。本章基于实际工作经验，总结了一些问题现象和解决办法。在排障之前，建议先了解所使用的机场系统组成和功能特性，熟悉不同情况下的机场运行状态和现象。

3.5.1　问题处理顺序原则

为了提高机场的故障诊断效率，建议遵循以下处理顺序原则。

（1）先简单后棘手。先以简单判断入手，再逐渐深入进行分析。

（2）先机场外后机场内。由于机场所处的工作环境复杂性高，建议先排查外部环境，如供电情况、网络连接是否正常，再排查设备内部原因。

（3）先清洁后维修。先进行设备内外部清洁，再进行维修。

（4）先电源后系统。先按照设备框图，由高压电源依次排查到低压电源，确认设备电源工作正常后，再排查控制系统。

3.5.2　排障思路

机场排障推荐采用"望闻问切"的思路，具体实施方式如下：

（1）望。维修时先查看设备周围环境，检查设备外部和内部环境，是否有浸水、脏污、动物尸体或其他杂物，检查各线缆及连接器是否有松动、插错的情况，查看指示灯状态对应的异常描述。

（2）闻。通过听觉和嗅觉进行判断，比如交流电上电瞬间，AC/DC电源模块是否有啸叫、机场是否有开机自检的声音、手动解锁舱盖时是否有"咔哒"的声音、舱内是否有焦煳味等。通过不同的焦煳味可以大致判断出烧毁材料类别，例如塑胶与半导体器件烧毁的气味有明显区别。

（3）问。询问作业人员，设备故障前进行过哪些操作，流程是怎样的，尽可能还原现场。

（4）切。使用万用表测量电压、电流，检查电路通断情况，判断故障点，维修或更换故障部件。

3.5.3　测试项目

在故障排查过程中，在条件允许情况下，建议采用逐个模块独立测试，主要的测试项目及内容如表3-1所示。

表 3-1   机场测试项目及内容

序号	测试项目	测试内容
1	固件升级	升级机场、飞行器固件
2	配置机场并绑定管理平台	配置部署机场（对频、激活、配置管理平台等）
3	健康运行状态检查	检查机场运行状态是否正常，是否有报错
4	舱盖校准	校准舱盖位置
5	RTK标定	标定机场位置
6	雨量计功能测试	检测雨量计功能是否正常
7	风速计&机场监控相机功能测试	检测风速计、相机、补光灯（若有）是否正常
8	空调制冷制热功能测试	检测空调制冷制热功能是否正常
9	配电柜接口板组件功能测试	检测配电柜接口板相关接口功能是否正常
10	飞行器充电测试	检测机场能否为飞行器充电
11	飞行测试	检查机场是否能正常执行飞行任务，备降点是否正常

3.5.4   常见故障及排障方案

在机场使用或测试过程中，发现故障后需尽快进行故障处理，表3-2~表3-4给出机场的常见故障以及对应的排障方案。

表 3-2   机场设备配置问题与排障方案

序号	现象	可能造成的影响	排障建议
1	无网络	机场管理平台无法上线，显示机场已离线	1）检查上网卡是否有流量，上网卡实名认证等； 2）检测网线是否有损坏，尝试更换网线
2	机场位置未标定	航线飞行不准确，有安全风险	1）检查遥控器是否联网，联网后重新通过网络RTK标定； 2）若无网络RTK，则参考手动标定方式
3	备降点未设置	意外情况下无法去备降	重新设置备降点

表 3-3   巡检成果排障建议方案

序号	照片结果	排障建议
1	与原始照片水平及垂直方向均不相同	1）若规律性偏移，例如所有照片统一向左下方偏移，则证明机场的RTK平面和高程坐标均有误差，需要重新标定； 2）如呈现不规律偏移，如第一次向左下方，第二次向右上方偏移，则需确认拍摄目标是否距离无人机过近，建议按照5m左右拍摄距离进行测试评估
2	与原始照片水平方向相同，垂直方向偏移	RTK定位高程误差通常会大于平面误差，故此类问题较为常见。对比照片通常呈现同一垂直方向的偏移。对于此类问题，可重新标定机场RTK，或者手动标定，保持RTK平面坐标不变，手动调整高程位置，调整建议在10cm左右，调整完毕后重新执行航线并对比照片，按照该方法调试，通常3次内就可完成高程误差校准

表 3-4   维修排障建议方案

序号	故障现象	排查与解决措施
1	RTK标定不成功	1）如机场搜星数量不正常，检查机场天线是否被遮挡导致RTK搜星少或者无搜星； 2）机场附近存在GNSS信号干扰，导致RTK标定精度差； 3）RTK模块可能损坏
2	解锁键无反应，舱盖无法手动开关	1）若机场市电供电正常，可能为配电柜接口板、电机或主控模块损坏； 2）若机场无市电供电，请先检查蓄电池电量是否过低，尝试接入外接电源解锁。若仍无法解锁，可能为配电柜接口板、电机或主控模块损坏
3	用户配电箱频繁跳闸	1）检查交流电源开关是否损坏； 2）检查线路是否存在短路、漏电； 3）检查市电供电电压是否稳定
4	飞行器降落后不充电	1）检查推杆闭合是否正常、充电接口是否接触良好； 2）检查飞行器电池温度是否过高
5	市电断开	1）检查市电供电是否正常； 2）检查AC/DC电源模块输出是否正常； 3）检查AC/DC电源模块与主控模块的连接线缆是否正常，且线缆是否有破损； 4）更换AC/DC电源模块或主控模块
6	空调供电电源异常	请依次尝试更换空调控制板组件、AC/DC电源模块

3.6　网格化巡检业务的关键技术

目前电网巡检通常遵循以下步骤：巡检小组按照生产计划对巡检人员进行排班。当需要无人机巡检时，由飞手携带无人机驱车赶往作业现场，并在起飞点附近测量风向与风速。确定现场环境满足无人机起飞条件后，由飞手开启成像仪器并控制无人机对电力设备进行环拍。拍摄结束后，巡检人员需要将照片导出，并对影像进行逐一筛查，最终完成故障的检测。这种巡检方式不仅耗费大量人力物力，而且效率低下。

无人机机场的全自动巡检方案按照以下的程序进行：当有巡检任务时，云端的检测人员发出巡检命令，无人机机场完成状态自检并开启机场库门。在对部署地点的周围环境和气象条件做出检测后，向无人机发出起飞指令。起飞后，无人机按照规划的路线完成巡检影像拍摄并实时回传并进行快速故障诊断，同时将缺陷数据传回机场，通过数据链路传回PC端。巡检结束后，启动自动返航与视觉引导降落程序。停机坪上装有无线传输模块，可将巡检数据下载到机场内部的数据基站，完成巡检的全过程。全自动巡检方案摆脱了数据感知层对人力的依赖，实现了电网设备巡检影像数据的全自动采集。基于以上全自动巡检方案，无人机机场应该具有以下功能：机场库门自动开启闭合、无人机飞行控制、起飞环境遥测、降落引导、无人机自动归正夹持、远距离数据传输、无人机电池充电（或更换）等功能。

3.6.1　机场与三维航线规划

机场扩大了无人机在空间部署上的自由度，而进一步结合无人机飞行的三维航线，将提升无人机的无人化作业水平。因此，机场与无人机三维航线规划的融合，是支撑网格化作业的关键技术。在机场操作平台上制定并传输一条航线给无人机，无人机即可依照预设的速度沿着既定轨迹飞行，执行设定好的拍摄照片等动作，实现无人机自主巡检。目前，无人机自主巡检的航线可由两种方式获取，一是人工示教的方式，通过飞手操作无人机执行自主巡检并记录下航点和拍照点；二是基于点云数据利用三维航线规划软件确定航线。以下主要讲述利用机场平台实现三维航线规划的方式。

1.三维航线规划关键技术

（1）点云优化加载显示。三维航线规划依赖采集的点云数据的处理。目前，随着激光点云采集设备的升级，以及扫描作业习惯，通常一个点云文件包含多基杆塔，文件大小能达到5G，而使用航线规划软件的一线运检人员配备的电脑通常性能不高，使用目前市面上的大多航线规划软件加载点云数据，常会遇到软件崩溃的问题。因此，可以采用点云分层载入技术，使用分层细节（HLOD）来自适应地加载和优化3D点云模型。通过增加跳跃式层次细节优化方式，在加载时间和内存占用上减少了30%~50%。

（2）航线自动快速生成。目前每基塔有30~70个拍照点，再加上辅助航点，每个航线有50~100个航点，如果一个一个点标注调整，过于费时，也不利于推广应用。基于三维可视化输电线路及廊道的点云数据，研究输电运维相关国网无人机巡检标准作业流程，构造出通用的倒U形输电线路巡检多旋翼无人机航线模板，能够根据不同塔型以及部件形态自适应生成三维巡检航线，支持人工辅助修正，提高了航迹规划的易用性。

（3）基于巡检拍摄导则的图像自动命名。将规范化的无人机巡检拍摄导则嵌入三维航线规划中，同时根据点云特点进行自动识别或简单标注，可实现无人机精细化巡检关键部件点的自动识别，并保证航线中的拍摄点实现自动规范命名，从而实现无人机飞行图像成果自动命名和归档，提高运检人员数据处理效率。

2.航线格式

三维航线规划软件规划后生成航线文件，导出后用于第三方平台控制无人机进行自主飞行。目前不同无人机厂家的航线格式各不相同，同一厂家的无人机随着设备升级也会不同，如大疆无人机航线的格式有KML、KMZ等。不同航线规划软件生成的航线文件格式也不同，如绿土、通航、中科云图等单位的航线规划软件生成的航线文件存在差异。为减少不同格式航线文件导致通用性差的问题，DL/T 2119《架空电力线路多旋翼无人机飞行控制系统通用技术规范》的附录B中规范了JSON航线存储文件格式，该标准将为航线文件的标准化提供指导。

3.航线拼接

为了提高航线的生成效率，可以利用已有的航线信息，进行航线的拼接，建立新的巡检航线。航线拼接中通常是将一个航线的末端与另一个航线的起点进行连接，形成新航线，如图3-20所示。

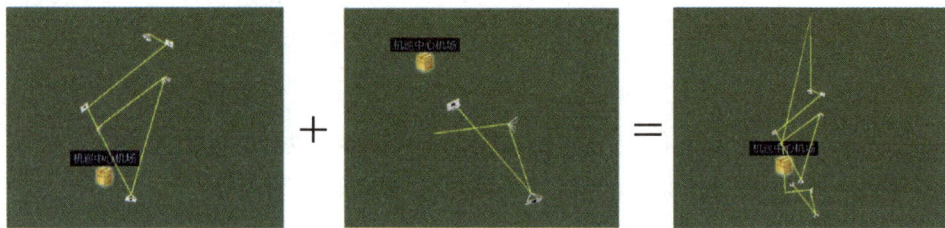

图3-20　航线拼接示例图

受限于目前无人机自动避障及自动飞行算法能力的限制，基于机场实现航线拼接的方法主要有：①两航线首尾点直连，在航线规划的过程中，需要保证两航线首尾点之间无障碍物；②两航线首尾点抬升相连，前一航线最末点后向上飞10~50m，再直飞到后一航线起始点上空，后下降到后一航线起始点，需要保证每个航线首尾点上空无障碍物。

4.机场与三维航线规划的结合应用

三维航线规划作为操控无人机的应用软件，可以多种实现形式，如单机版或者网页版。在结合机场使用的情况下，可将三维航线规划作为一个模块，与机场管理、图像处理等功能融合在一个平台内。

在航线规划方面：将机场的坐标位置进行考虑，在航线规划时，以机场坐标为航线的起终点进行限定，保证无人机能够在单个机场或机场之间准确起降；此外，需要注意根据机场所配机型，对安全距离、两个航点之间距离等进行重新设定。

在航线下发方面：无人机机场作为上层平台与无人机之间的纽带，管理无人机的航线更新，确认无人机的飞行任务和航线的对应关系，并且在无人机起飞前，确保无人机航线更新完成。

3.6.2 支撑无人机全自主巡检

多旋翼无人机系统在未来仍将是电网自主巡检的主要无人机类型，如图 3-21 所示。该类无人机系统主要包括了飞控、数传设备、电池、航拍云台及航拍相机等模块。同时，在云台上搭载了姿态及方位测量单元（IMU、磁力计和高度计），用于检测相机实时姿态、方位和高度信息。此外，在无人机上还搭载了便于进行数据对比的 RTK-GPS 传感器，以及能够与机场进行数据交互和图像传输的数据及图像传输单元等。在无人机上直接进行图像处理，需要搭载计算模块及其供电、散热等模型，不仅增加了无人机的负载，而且需要消耗无人机的电池电能，降低无人机的飞行续航能力。此外，机载计算模块的算力资源有限，也限制了更高精度模型的部署应用。

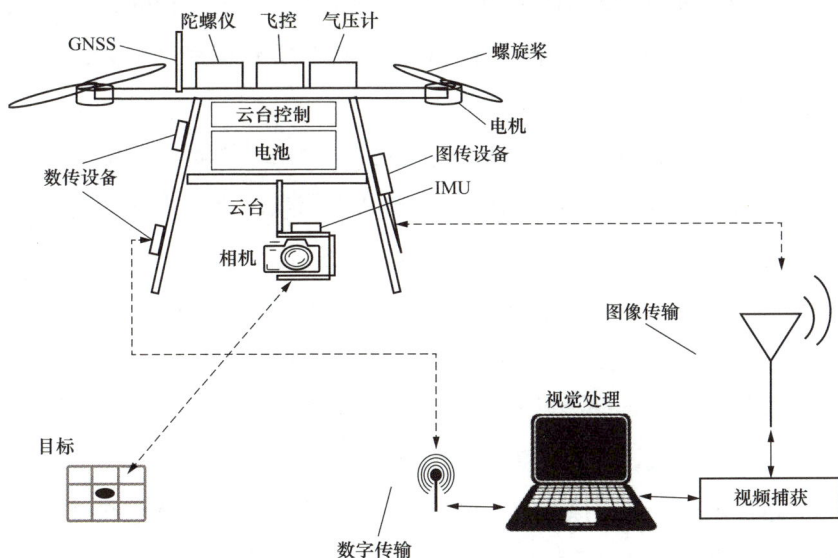

图3-21 无人机单机巡检作业示意

因此，使用机场侧提供的算力、电源等资源进行视觉运算处理成为新的备选方案。将无人机拍摄的图像发送给机场，由机场进行处理后再返回给无人机，使无人机再进一步完成自主巡检作业。虽然该系统会给无人机的位置解算带来一定的延迟，但是在低速飞行时，该方案可以较高效地进行图像处理。

系统整体的目的是在GNSS定位信息不够精确或失效的情况下，通过控制无人机云台上搭载的相机实时跟踪已知地理位置信息的地标，解算无人机与地标之间的相对位置信息，从而得到无人机当前的绝对地理位置坐标信息。系统具体工作原理叙述如下：

（1）图像处理与目标识别。云台搭载的相机进行环境视频采集，并将实时采集到的视频传输到地面机场进行处理，识别作业目标是否在图像中。当作业目标出现时，以画面像素建立像素坐标系，计算出作业目标特征点在像素坐标系的坐标值，与图像中心点的像素坐标值进行对比，输出图像中心位置与目标特征点位置的偏差，将其发送给无人机的云台控制系统。

（2）云台控制与目标跟踪。无人机云台控制系统接收到图像中心位置与目标特征点位置的偏差信息后，以偏差值作为输入，通过调整三轴云台各轴角度，将目标特征点移动到相机视野中心，即调整相机光轴的方向使其对准物体。在接下来的作业过程中云台控制系统将会实时重复该步骤，使目标特征点保持在相机光轴上。

（3）位置坐标解算。当无人机云台将目标锁定于视野中心位置后，由云台所搭载的传感器获取云台当前的姿态及高度信息，进一步计算出无人机当前的经纬度信息，输入到无人机飞行控制单元完成导航。

基于机场的全自主巡检系统具体的工作内容可以被分为：

（1）任务分配系统：该系统主要负责收集导航作业任务中的关键信息，其中包括导航点坐标、障碍物信息、导航点附近机场坐标及其待机情况、作业时间段可用无人机设备的数量及其坐标等。

（2）路径规划系统：该系统主要目标是利用足够数量的无人机及时执行所有任务，无人机路径规划系统接收到分配任务的相关信息后，以导航点坐标及障碍物信息作为输入，通过设置合理的适应度函数，利用遗传算法解算出每一代的最优路径个体，并通过不断的进化，使其优胜劣汰的能力越来越强。

（3）路径预测系统：该系统是对无人机的飞行路径进行预测，以无人机飞行过程中的历史位置预测无人机的下一时刻位置，利用预测位置与真实位置的距离差值，判断无人机是否偏离规划路径，从而对无人机进行安全管控。具体如图3-22所示。

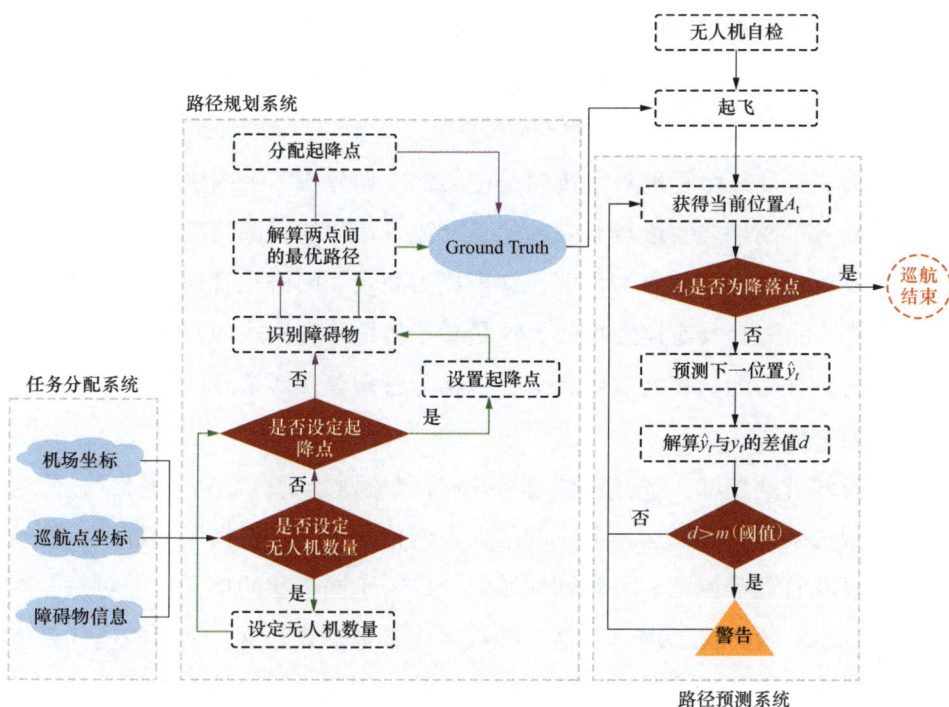

图3-22　基于机场的全自主巡检系统图

3.6.3　输变配网格化巡检模式

在传统的电力设备运维管理模式中，输、变、配电巡检业务以单一专业、单一班组为作业单元，变电站及其相邻输电线路、配电网巡检分属不同运维班组，无人机购置及应用也是各自专业负责，日常运维需多人多次携带无人机重复到达某片巡检区域，存在人力资源浪费、无人机资源利用率低等问题。采用无人机网格化协同巡检模式，能够有效解决该问题，打破专业协同巡检壁垒，减少人工重复往返现场时间，提升无人机资源复用率。

"网格"一词最早由美国科学家伊安·福斯特在20世纪90年代中期提出，是由Power Grid（电力网格）拆分而来的。提出意愿是希望用户在使用网格计算能力时，能够像用电一样方便，不受到地理位置和计算设施的限制，消除资源和信息孤岛，随时随地享受信息的高度融合，以及共享带来的通用计算能力。因此，网格在最初设置时就是以便捷和共享作为未来发展目标，希望能够为用户带来和用电一样方便的体验感，不会因为地域限制、计算机品质好坏而影响计算能力。通过构建网格，从而消除资源垄断的弊端和信息孤岛现象，最终实现信息的高度融合。

网格化管理是将管理对象按照一定的标准划分成多个网格，利用现代信息技术在各个网格之间进行有效的信息交流、透明的资源共享，使得信息处理更为及时，资源配置更为合理，管理更为高效。网格化管理模式的应用具有两大亮点：一是具有监管功能，这是异于传统管理模式的一大特色；二是具有应急处理功能，在突发状况下，网格化管理模式能够开启应急模式，及时处理紧急事件。

在行政管理领域，"网格化"将城区行政地划分成一个个"网格"，使这些网格成为政府管理基层社会中的单元。网格化管理指根据属地管理、地理布局、现状管理等原则，将管辖地域划分成若干网格状的单元，并对每一网格实施动态、全方位管理，它是一种数字化管理模式。这一创新的模式是依托现代网络信息技术建立的一套精细、准确、规范的综合管理系统，政府通过这一系统整合政务资源，为辖区内的居民提供主动、高效、针对性的服务，从而提高公共管理、综合服务的效率。

输变配网格化协调巡检，指以网格化中心为控制点，应用无人机对网格范围内的输变配设备开展巡检，如图3-23所示。无人机机场的应用，为实现输变配网格化巡检模式提供了基本的现场条件。目前，通过在变电站内部署无人机机场，对周围区域内的输变配线路进行网格规划，由无人机执行自动巡检。

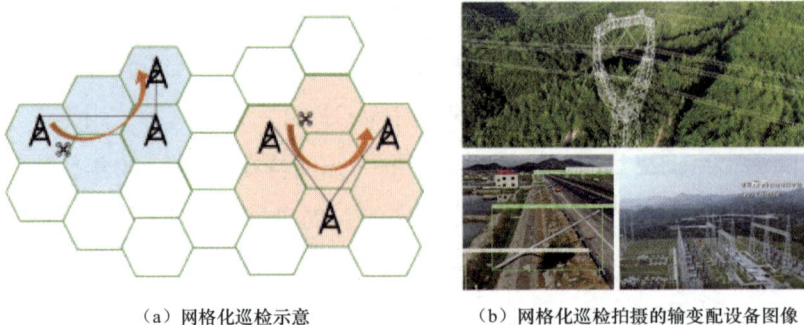

（a）网格化巡检示意　　　　（b）网格化巡检拍摄的输变配设备图像

图3-23　输变配网格化巡检示意及应用效果展示

第 **4** 章

电力无人机机场
典型应用案例

截至2023年，已有超过15家网省公司开展机场部署及应用，其中国网山东、江苏、浙江电力以及广东电网部署数量较多，集中部署于变电站、供电所、电力铁塔等场所。在电力领域，无人机机场主要应用于输电场景，占比达到91.96%，在变电、配电、电网基建、应急特巡等电力场景也不断得到推广，逐步形成了电力无人机机场的丰富应用案例。与此同时，伴随着全自主巡检应用的不断丰富，无人机机场也持续朝着小型化、自动化、智能化等先进方向发展。

4.1　多旋翼无人机机场在输电线路巡检中的应用

输电线路巡检业务正在经历一场变革，巡检模式逐步由传统的人工巡检向以无人机技术为核心的人机协同及全自主巡检转变。现有的输电线路无人机巡检主要是由作业人员携带无人机到达现场，在现场完成无人机组装后开展巡检任务。虽然无人机替代人工能够在更短时间内完成影像拍摄，但仍需要人员亲赴现场，耗费大量的行程时间，不仅大幅增加了巡检路途的时间成本，也降低了作业的效率和时效性。

无人机机场的出现很好地解决了上述问题，提升了作业的时效性，但考虑到输电线路延伸距离长、地形多变等特点，而常规机场部署依赖固定建筑，且无人机续航能力有限，无人机的巡检覆盖能力受到显著制约。现行的机场部署模式不符合输电线路远距离巡检的实际需求，严重限制了无人机巡检系统在此类场景中的广泛应用。鉴于现有方法的种种限制，提出构建专门针对输电线路巡检需求的无人机机场，以实现完全自主化的无人机巡检解决方案，以此提升巡检作业的效率和范围，更好地适应复杂多变的输电线路环境条件。图4-1为输电线路的运行场景。

图4-1　输电线路的运行场景

4.1.1　用于输电线路巡检的多旋翼无人机机场安装部署

传统机场因其体积庞大、质量重、功耗高等特点，在场地选择、电源供应和通信等方面受到较多限制，未能实现全场景、规模化部署。这些限制也使得其难以满足电网对于高频次、全方位、高质量巡检工作的需求。

为适应输电线路巡检的独特需求，目前各个网省已经制定出不同类型的机场部署应用方案，包括固定式机场、驻塔式机场及车载移动式机场等应用实例。这些方案针对性地解决了现有机场应用难题，提升无人机巡检系统的应用效率和作业覆盖范围，以更好地服务于输电线路的巡检工作。图4-2为部署于特高压沿线建筑内的小型机场。

驻塔式机场以其便于部署和维护的特性，集成了无人机存储、自动充电、自主起降、气象监控和任务控制等多功能，能够全自动执行起飞、巡检、降落、回收、充电及数据上传等一系列巡检流程，免除了现场人员的需求，并能实施高频率的现场巡检任务。为保障在多变的户外气象条件下

(a) 部署在沿线建筑屋顶的机场   (b) 部署在沿线建筑院落内

图4-2 部署于特高压沿线建筑内的小型机场

的稳定运作,该机场配备了 IP55 或更高等级的防护和智能气象感测系统;搭载了 RTK 定位系统,实现无需外部网络即可达到厘米级的精确定位;支持 2.4G/5.8G 双频通信传输和 4G/5G 蜂窝网络数据传输,可满足不同网络条件下的部署需求;能够迅速安装于各类塔型的杆塔上,进行部署及后续维护工作,轻便设计,便于单人操作上塔安装。同时,为降低成本,该机场采用"光伏 + 蓄电池"的供电方式,不依赖外界电源,以保证低功耗运作,并通过光伏板及大容量储能电池组合,满足平均每天 3 ~ 5 次的巡检任务需求。

为使机场运行高效,无人机须能在 7 级风力下稳定飞行,在 5 级风力下精确降落,并配备完备的应急备降机制。遇突发状况时,无人机会自动飞向预设的备降点着陆,并能自主返回机场,大幅增强设备安全性,降低风险,并减少现场维护的需求与复杂度。驻塔式机场如图 4-3 所示。

(a) 推拉结构的驻塔式机场   (b) 对开结构的驻塔式机场

图4-3 驻塔式机场

图4-3（a）展示了一种推拉结构的驻塔式机场，其设计精巧，占地面积小，操作简便，允许单一操作者轻松完成维护作业，如无人机的保养和电池替换等。而图4-3（b）所示为对开结构的驻塔式机场，与常规的地面机场在结构上有诸多相似之处，这种设计因其技术成熟度高、稳定可靠而受到青睐，但其对安装场地的要求相对较高，需要在杆塔上预留稳定而宽敞的空间用于部署。

除驻塔式机场外，车载移动式机场因其灵活的特点也被广泛使用。车载移动式机场是另一种机场形式，将自身与车辆结合，借助车辆的运载和动力供给能力，达成机场的快速部署与灵活运用，极大地提高了电网巡检作业的效率。车载移动式机场的部署方式因其与车辆的整合程度而异，典型的部署方式主要有两种：①高度整合至车辆内，使车辆本身成为机场的一部分，为无人机提供存储和供电；②将机场独立置于车辆之上，两者在作业中保持相对独立性，以适应不同的操作需求。

车载移动式机场的引入不仅提升了机场在不同地理环境下的应用灵活性，还满足了长距离电网线路巡检的需求，它通过快速响应巡检任务，有效覆盖传统巡检方式下的盲区。同时，在车辆转移过程中实现无人机的充电、数据转移及处理等作业，大幅度提升了现场数据采集与处理的效率。图4-4为常见的用于输电线路巡检的移动式机场。

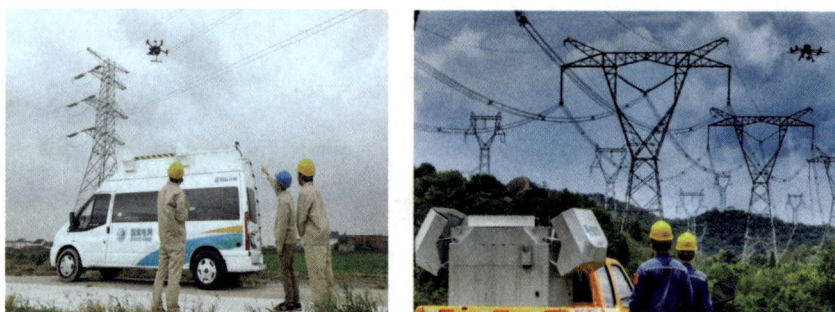

（a）与车辆一体化整合的移动式机场　　　　（b）由车辆运输的移动式机场

图4-4　用于输电线路巡检的移动式机场

通过对驻塔式和车载移动式机场的深入探讨，可以看到这些技术如何为电网巡检提供高效、安全、经济的解决方案，从而确保电网的稳定性和服务可靠性。随着科技的不断进步和成本效益的提高，这些先进的机场系统将被更广泛地采用，从而推动智能电网管理技术的持续发展。

4.1.2　基于多旋翼无人机机场的输电线路巡检作业

近年来，随着社会对电力需求的迅速增长及能源结构的转型升级，我国电网输电线路的建设与发展均取得了显著成效。截至2020年末，我国电网输电线路总长已突破100万km大关，横跨全国各省、市区，电压等级从百千伏至百万伏不等，构筑了国家能源传输的"大动脉"。其中特高压输电线路总长超2万km，位居世界首位。依托这些输电线路，电能得以实现远距离、大规模、低损耗传输，有效满足了不同地域、不同时间段对电力的需求。

目前，输电线路普遍面临着杆塔结构老化、绝缘子破损、金具锈蚀及附属设施变形等问题。定期的线路巡检工作对于及时发现并解决输电线路中存在的缺陷或潜在安全隐患至关重要，保障了输电线路安全、稳定运行。电力无人机的应用，尤其是借助电力无人机机场对周边输电线路进行的可见光拍摄和红外成像检测，为线路巡检提供了高效、智能的技术手段。通过这种方式，可以及时识别输电线路的各种物理缺陷，实现"运维跑在故障前"，有效减少线路故障发生频次，进一步保障电网的安全稳定运行。

（1）杆塔精细化巡检。通过远程控制输电线路周边的电力无人机机场，可按照既定航线开展杆塔精细化巡检。与传统巡检方式相比，人员无需亲自携带无人机至现场，极大地提升了作业的响应速度与巡检效率。此外，对于需重点监测的线路或设备，运维人员可在机场平台上设置航线，定期开展巡检任务，以实现对线路的高频次巡检。目前，福建与天津两地已广泛推广应用无人机机场巡检，并打造机场作业平台，具体情况分别如图4-5～图4-7所示。

（2）线路夜间红外测温。在迎峰度夏、迎峰度冬期间，输电线路负荷长期居高不下，夜间高峰期缺陷隐患多发，因此开展夜间红外测温是输电线路运维中的一个关键环节，对识别绝缘子、线夹发热等由电压引起的制热型缺陷至关重要。然而，人工手控无人机开展线路夜间红外测温面临多重挑战，包括夜间交通安全、夜间飞行作业等风险，难以规模化开展。

图4-5　国网天津电力基于固定机场的输电线路精细化巡检页面

图4-6　国网福建电力基于固定机场的输电线路精细化巡检页面

　　无人机机场的应用能够有效规避上述风险，作业人员只需在白天对输电线路巡检航线进行规划，夜间远程下达飞行任务，无人机按照既定航线开展飞巡作业，可大幅降低人身和设备风险，同时提升红外测温的准确性。根据输电线路负荷水平不同差异化下发机场巡检任务，能够实现对输电线路进行更为精准和安全的巡检，确保电网的稳定运行和电力供应的可靠性。基于固定机场拍摄的输电线路红外图像如图4-8所示。

（a）2022年10月拍摄图像　　　　　　　（b）2023年3月拍摄图像

（c）2023年7月拍摄图像　　　　　　　（d）2023年10月拍摄图像

图4-7　国网福建电力基于固定机场拍摄的不同时间段线路杆塔图像

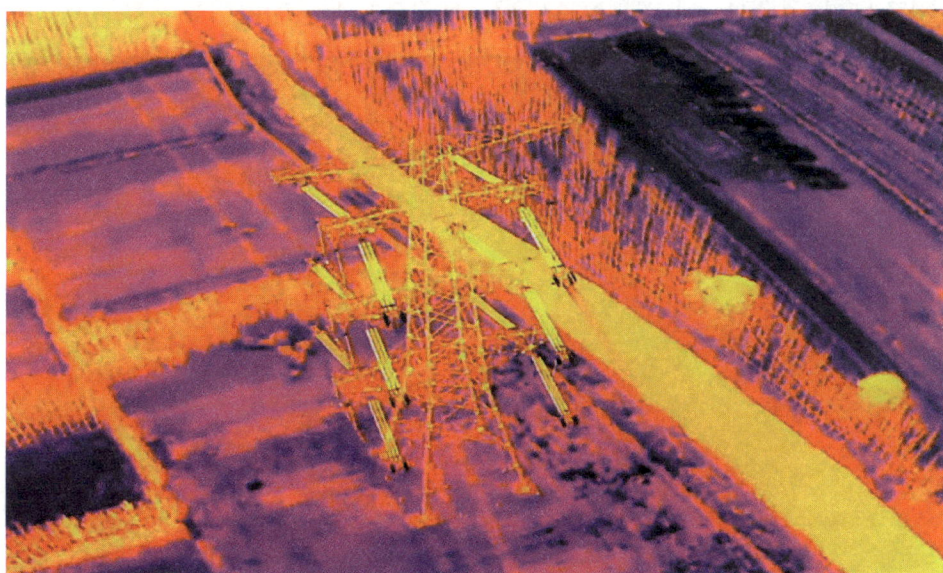

图4-8　基于固定机场拍摄的输电线路红外图像

（3）输电线路通道异物源排查。随着防尘网、大棚薄膜、彩钢板材等异物源的不断出现，输电线路故障案例呈现增长趋势。这些异物源在输电线路周边广泛分布，数量众多，给线路的运行与维护带来了诸多挑战。传统的人工排查方法效率低下且缺乏精度，难以有效应对当前的管控需求。

为解决这一问题，可以在输电线路周边部署无人机固定机场，利用无人机定期执行带状建图航线任务，对输电线路通道周围1km范围内的地面环境进行详细建模。结合人工智能算法，这一方法能自动监测线路周边的潜在危险因素，如破损的大棚、不牢固的彩钢房顶、大面积的防尘网等，进而及时提示线路运维人员采取相应的处理措施。

这种基于无人机固定机场和人工智能算法的监测系统，相较于传统方式，大大提高了排查异物源的效率和精确度。系统能够实现连续监控和及时反馈，为输电线路运维提供精准的数据支持，从而显著提升线路的安全性与可靠性。此外，通过实施这种高效的监控手段，还能优化资源分配，减少不必要的人工巡检，进而降低维护成本，提高工作效率。线路通道异物源隐患排查如图4-9所示。

对于常规输电线路下的突发事件，传统处理方法依赖于护线人员前往现场进行核查与处置，不仅响应速度慢，而且在面对线路威胁程度较低的隐患

图4-9 线路通道异物源隐患排查

时，人工逐一核查会导致人力和车辆资源的大量浪费。为了提升隐患处理的效率和及时性，可以利用无人机固定机场与现有可视化监控装置实现在线联动。

当监控装置发现输电线路通道的潜在隐患时，固定机场操作员可以迅速调度无人机执行现场飞行任务，进行隐患核实，并通过无人机的喊话系统实现现场警告。这一过程对于威胁程度较高的隐患能够实现快速的应急处置，而对于那些威胁程度较低的隐患，则避免了不必要的人工现场核查，从而优化了资源的使用，并提升了处理效率。配置远程喊话器的无人机实物及处置案例分别如图4-10和图4-11所示。

图4-10　固定机场内配置远程喊话器的无人机

图4-11　远程发现隐患并调度固定机场开展无人机远程喊话处置案例

4.1.3 应用效果分析

无人机巡检的创新应用，通过驻塔式机场和移动式机场实现，不仅大幅提高了输电线路巡检的效率和准确性，还优化了资源配置，降低了运维成本，为电力系统的稳定运行提供了有力支持，在数据应用、通信传输、巡检流程等多方面提升了成果的经济效益，成效如下：

（1）降低无人机作业风险，避免设备资产损耗。通过采用航线安全性分析与运行态势评估技术，结合电力无人机的抗干扰能力，确保了无人机巡检在飞行航线和态势上保持最优状况。这些技术的应用有效降低了因飞行不稳定或信号干扰而导致的机身损坏，进而减少了资产损耗。通过这种飞巡风险的超前规避，无人机运行的风险将被最小化，极大降低年度维护保养成本。

（2）深化全自主巡检技术，提升生产运行效率。综合近年来的电力无人机巡检技术发展趋势，预计到"十四五"末期，将构建一个高安全、多专业融合的全自主无人机巡检系统。该系统旨在实现无人机的规模化、实用化应用，并全面推进现场操作的无人化。该系统依托先进的数字空域管控与航线安全分析技术，实现了动态复杂场景下的无人机航线自主规划，有效提升了生产运行的效率和安全性。

（3）提高应急巡检效率，减少电网停电时长。随着社会的不断进步，输电线路发生故障所导致的经济损失与资源浪费愈加显著。通过在复杂场景下应用其研究成果，实现了巡检效率的显著提升，预计能够增加5倍以上效率，有效地缩减查找缺陷与故障的时间。不仅减少了停电的频次和总时长，还显著提升了供电的质量和可靠性。

4.2 垂直起降固定翼机场在输电线路巡检中的应用

4.2.1 垂直起降固定翼无人机机场安装部署

在选址方面，应满足空管部门管制要求，同时选择人员流动少、排水性能优、网络覆盖性好的区域，并且能够方便相关人员及时进行维护。同时，为确保垂直起降固定翼无人机的飞行安全，起降点区域空间不小于8m×5m（长×宽），上空在50m×50m范围内无障碍物，周围半径10m左右无大面积遮挡，并且不位于风口或背风处。

在机场的基础施工中，底层需采用小型压路机进行压实或采用其他压实机械进行夯实，压实度不得低于0.93，并采用碎石、C20或C30混凝土、单层双向钢筋网进行浇筑施工。垂直起降固定翼机场基础养护如图4-12所示。此外，机场的配套附属设施包含防风网、供电系统、网络系统、防雷系统、应急降落场等，以提供安全稳定的运行环境、电源供给和通信网络。

图4-12　垂直起降固定翼机场基础养护

其中，对机场的配套附属设施的要求如下：

（1）防风网要求。防风网采用玻璃钢材质格栅式防风墙。防风网高度为2m时，大侧风天气下，实体全封闭围墙内部环形涡流明显，涡流下部的反向流风速较大。机场将防风网加高至3m，将涡流影响高度提升至2～3m高度层，减小侧风对降落的影响。

（2）供电系统要求。配电箱内置40A空气开关、插线板和防雷器，进线口推荐使用6mm²的3芯电源线，同时提供预留接地装置，开孔或缺口处封好防火泥。

（3）通信网络要求。为了正常使用将机场执行自动化作业，机场需要有良好的网络保障，可采用有线或4G、5G等无线网络连接方式，优先推荐使用有线网络。其中，有线网络连接推荐使用超六类及以上规格屏蔽双绞线，室外线缆需使用PVC保护线管铺设，并埋地处理。如无法实现埋地，使用镀锌钢管紧固在地面并良好接地。在施工时需做好网络线缆的敷设，以便设备进场后快速安装。

（4）通信天线。为满足与无人机、基站通信和厘米级定位需求，机场布设全向天线和RTK天线2种类型，集成设计安装在机场顶部的天线支架上方。全向天线：机场需与附近的地面基站和无人机通信连接，机场图传系统使用了两根多频全向天线。全向天线要求各个频段360°均匀覆盖、增益5dBi、不圆度±1dB，在双发双收模式下，可以保证15~30km覆盖范围。该天线直径37.2mm，长度1200mm，抗风能力强（大于60m/s）。为保证良好的性能，需要两根天线距离尽可能远（大于0.6m），避免相互影响和遮挡。RTK天线：需要满足厘米级定位，天线的无源增益选择了5.5dBi增益，大约仰角可以到120°；系统需要满足天线输出口到RTK模块的有用信号在−130dBm以上，所以RTK天线内的低噪声放大器选择40±2dB左右，噪声系数不大于2dB，以提高灵敏度。机场配套天线如图4-13所示。

图4-13　机场配套天线

（5）应急降落场要求。当机场或无人机出现故障或受外部恶劣天气影响，无人机无法降落至机场时，需要在机场附近设置应急降落场。应急降落场应满足以下要求：场地应足够平坦，无环境因素干扰（如振动、强光、水淹、塌陷等）。无人机降落至应急降落场的过程中无障碍物阻挡，备降点周围1m内区域不得有杂物。应急降落场设置在机场附近的空地上，并且与机巢处于同一高度、水平距离在3～50m内。

完整安装的垂直起降固定翼机场和对应的无人机，分别如图4-14和图4-15所示。

图 4-14　安装后的垂直起降固定翼机场

图 4-15　配置的垂直起降固定翼无人机

机场安装部署过程中需要考虑的一个重点是机场起降平台机构对无人机起降的保障。机场起降平台是支持无人机起飞和降落的所有基础软硬件的集合。由于无人机是以全流程自动化方式完成起飞和降落，在起降过程中，无人机可能受其他无线设备或电磁干扰的影响而导致RTK定位失效。为了保障起降定位的精度，引用二维码视觉辅助，作为RTK精准降落方案的补充。该方案具有定位精度高、识别定位时间短、不受光照条件变化或者摄像头视角变化影响、无需依赖外部设备或信号源、制作和部署方便、成本低等优势。为了提高降落的可靠性，降落辅助二维码由多个二维码共同组成，每个二维码的图案各不相同，确保视觉算法能逐个区分。具体的展示如图4-16所示，给出了降落平台二维码和备降二维码，其中，机场降落平台的二维码由前后2个二维码组成；而为满足野外复杂备降场景需要，增加容错率，备降二维码由6个二维码组成。

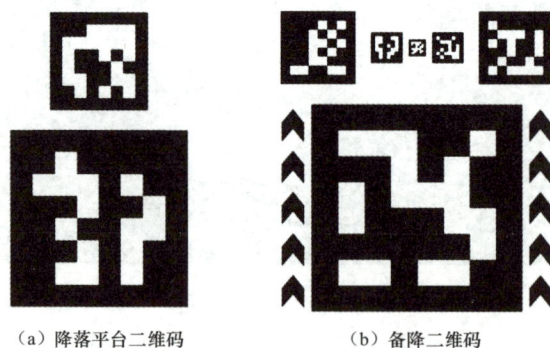

（a）降落平台二维码　　　　　（b）备降二维码

图 4-16　机场降落平台使用的二维码

4.2.2　基于固定翼无人机机场的输电线路巡检作业

在实际应用中，将固定翼无人机机场整合到平台内，实现远程调度固定翼无人机对输电线路进行巡检。图4-17展示了调度固定翼无人机规模化应用平台对机场内无人机的远程监控以及无人机的巡检记录。

垂直起降固定翼无人机具有长续航能力，最大续航时间可达120min，最大续航里程可达100km，并且挂载类型丰富，可以实现对电网线路的大面积、长距离巡检。通过与机场的换电装置、进出舱装置、通信天线及其他附属设

图 4-17 调度固定翼无人机规模化应用平台页面

施的协同配合，支撑固定翼无人机实现自动充换电、自动进出舱、自主巡检、实时图传、动态监测等功能。基于固定翼无人机机场的输电线路巡检作业需要完成以下步骤：

（1）航线规划和作业数据交互。机场通过接入点（access point name，APN）通道与互联网大区服务器互通，实现数据通信，可满足垂起固定翼无人机作业安全、稳定的应用场景，而通过互联网大区，进一步实现了机场与电网公司省级无人机规模化应用平台的集成。在无人机规模化应用平台上，可以综合电网线路、地形地貌等信息，进行无人机巡检航线规划，并经由机场向无人机下发作业任务，同时，在无人机将作业过程监控和巡检数据回传到平台上存储。

（2）异地起降。异地起降协作，主要是规避单机场作业模式下，无人机只在所属机巢起降，最大作业半径是无人机最大航程一半的弊端。为充分发挥无人机的最大航程，突破"一机多场"技术瓶颈，建设异地起降协作巡检功能，实现垂起固定翼无人机A地起飞、B地降落的异地起降接力作业，从而极大提升线路巡检覆盖范围。异地起降方案如图4-18所示。

（3）中继组网基站。信号中继组网基站，主要是为解决无人机系统受限于机场通信系统信号传输距离，无法完成远距离作业的问题。通过使用

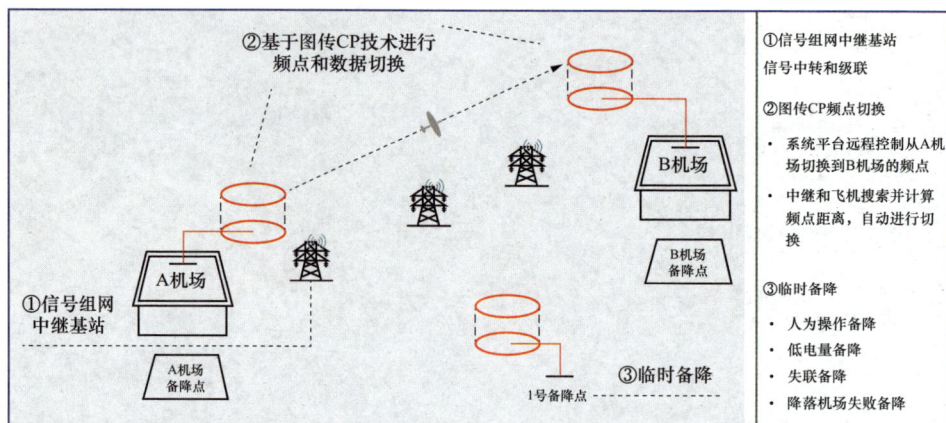

图 4-18　异地起降方案

中继收转发信号，并进行级联和扩展，增长通信信号距离，同时增设4G
通信模块，突破控制终端直连无人机的信号传输距离限制，实现无人机远
距离飞行和数据传输。中继基站部署于输电线路杆塔上，电力供应采用太
阳能板和配套储能装置进行供电，光照强的状态下可对中继站进行直接供
电和对中继站储能模块进行充电，从而实现中继站的免电力接入。每间隔
8～10km装设1处基站，形成链式自组网络。无人机飞行过程中可通过该网
络避免地形、建筑等障碍阻拦，与机场实时交互数据。中继组网示意图如
图4-19所示。

4.2.3　应用效果分析

目前，基于垂直起降固定翼无人机场已完成了超过500架次的全自动巡
检，总里程超过1.5万km，有效提高运维单位保障线路安全稳定的保障能力
与效率，节省大量的人力、物力，减少不必要停电所带来的经济损失，提高
整个电网的安全运行水平，具有显著的经济效益和社会效益。相关的应用效
果得到了权威媒体的关注，央视"焦点访谈"栏目特别节目《高温下的清
凉》中，对利用固定翼无人机保障特高压重要通道安全稳定运行等内容进行
了专题报道。《国家电网报》等媒体对固定翼无人机在电力巡检的应用情况
也进行了报道，宣传报道情况如图4-20所示。

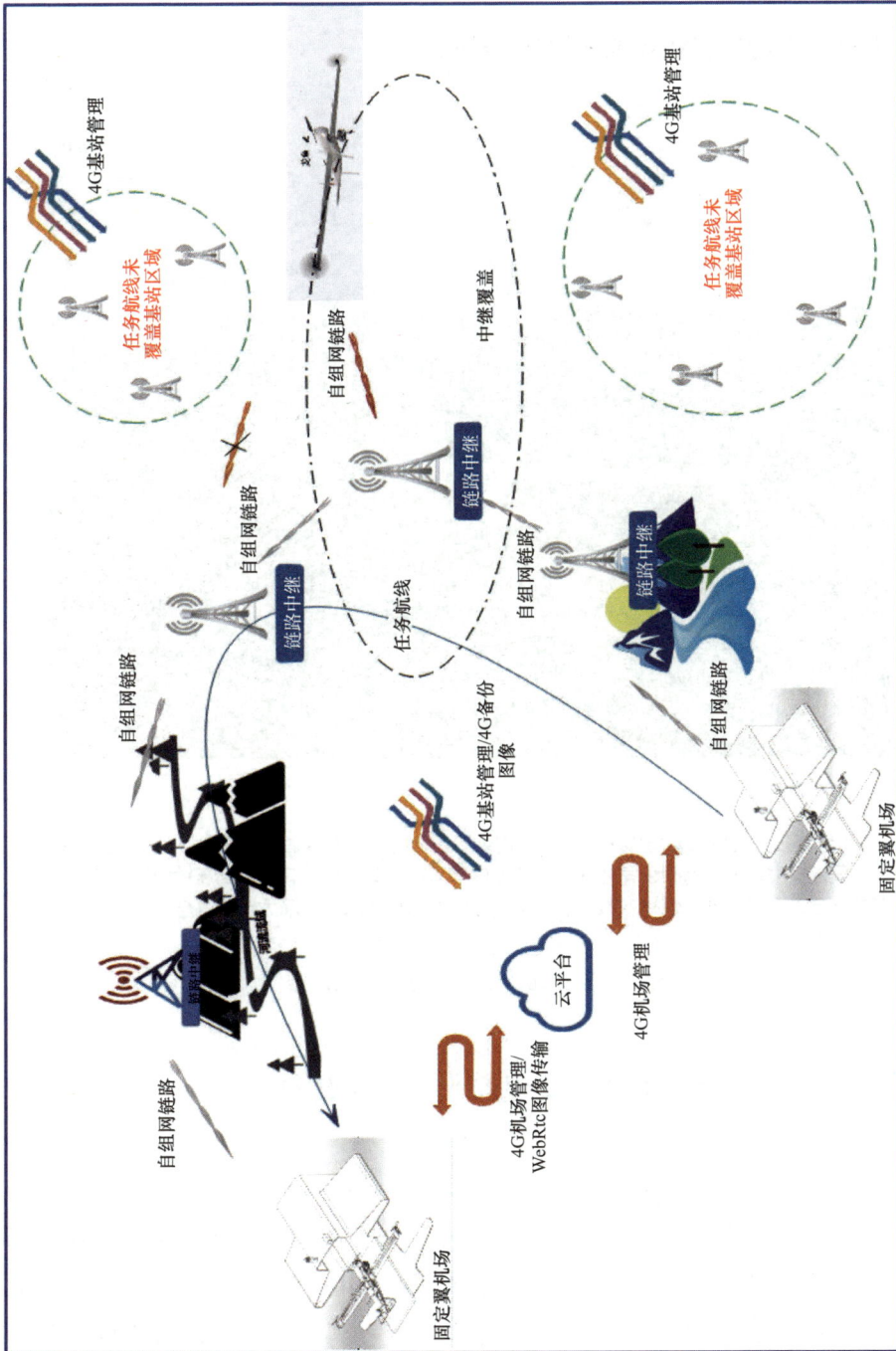

图 4-19 中继组网示意图

115

第1版：要闻   ✕

无人机自主巡检 特高压输电通道

郑瑞列 摄

2022年06月17日 国家电网报   听 新闻

打开电网头条客户端点击数字报频道AR+扫图片 观看小视频

　　6月15日，在安徽省宣城市，一架固定翼无人机自主巡检特高压输电通道。迎峰度夏期间，国网安徽省电力有限公司依托自主研发的无人机机巢系统，开展特高压输电通道无人机常态化自主巡检，增加巡检次数，提升特高压线路运检质效，保障大电网安全运行。

图 4-20　固定翼无人机巡检作业的宣传报道情况

4.3　电力无人机机场在变电站巡检中的应用

　　变电站内设备的巡检检查主要靠人工开展，分为例行巡检、全面巡检和专业巡检等，其中例行巡检包括对站内设备及设施外观、设备渗漏、周边环境等进行常规性巡查，巡检周期为每3天1次。由于缺乏高处设备巡检手段，投运20余年来，避雷针、龙门构架、高处绝缘子串等高处设备常年无法巡检到位，安全隐患日渐凸显。采用无人机可以完成高空拍摄，辅助运维人员发现高处设备、设施和电力设备顶部的隐患和缺陷，覆盖人工无法及时观察到的区域，避免运维人员登高作业的安全风险，提高运维质效。近年来，国网湖南、福建、江苏、浙江、湖北、四川电力等电网企业陆续开展了变电站无人机巡检探索。中国电科院无人机智能运检技术实验室于2019年开展的220kV变电站无人机巡检测试与验证工作结果表明，采用无人机进行变电站巡检能够有效扫除地面人工和机器人巡检遗漏的视野盲区，克服对高空相对密集且存在相互交叉与跨越的设备巡检不到位问题，有效保障变电站日常巡检作业质量，减少变电设备漏检、误检等问题的产生。2019年10月，国网湖北电力有限公司在500kV沙坪变电站开展无人机巡检，2019年12月，国网湖南电力有限公司在500kV鼎工变电站应用机场实现无人机自主巡检，南方电网公司也已在东莞220kV及500kV变电站开展无人机全自主巡检试验。

无人机在变电站的使用有效提升了变电站的运维质效，但是随着变电站无人值守的推进以及电力生产对变电站可靠性要求的提高，在变电站部署无人机机场成为新的应用方向：无人机机场可以自动化控制无人机的起降和充电等操作，减少人工操作，可以快速完成大面积的巡检任务，提高变电站设备的巡检效率。

4.3.1　用于变电站巡检的电力无人机机场安装部署

变电站安装无人机机场时，需要对选址、基础设施、磁场、信号质量等方面进行考量。如在选址方面，无人机机场应安装在空旷地面或楼顶等没有遮挡物的区域，并留出一定的维修空间，便于维修和检查，同时需要考虑周边环境，确保没有明显的信号遮挡物，如大楼、高频闪光光源、雷达站、通信基站等；基础设施方面则需要确保变电站无人机机场有稳定的供电系统和网络支持，以保证无人机机场的正常使用，一般情况下，无人机机场的运行需要220V/16A交流电和100Mbps以上的有线网络；在磁场条件方面，需要以确保无人机机场所在位置的磁场环境不会对无人机的导航和定位产生影响；在信号质量方面，需要保证通信距离的情况下信号质量符合要求，以确保无人机与地面控制站之间的通信稳定。变电站机场的选址和安装如图4-21所示。

（a）机场选址和基础建设　　　　　（b）变电站内机场的安装

图 4-21　变电站机场的选址和安装

4.3.2　基于电力无人机机场的变电站巡检作业

变电站巡检主要是通过光学变焦下的可见光照片，检查设备外观油污、雷击破损、金具缺失等缺陷；通过红外照片检查金具、母线等设备的异常发热缺陷。

1.前期准备

首先开展变电站三维扫描，建立变电站的三维模型，优先选用清晰实景三维模型，并确保模型具有合格的绝对精度，为无人机的自主巡检提供必要的航点信息。

其次开展无人机航线规划。航线设计原则是无人机与设备保持一定安全距离，一般不飞越设备上方。同时，无人机巡检航线一般分为高空设备航线和中低空设备航线。其中，高空设备航线一般飞行高度在母线或构架上方，拍摄角度主要为俯视角，巡检对象包括构架、绝缘子、避雷器等设备；中低空设备航线拍摄角度一般为俯视或平视，巡检对象包括变压器、电流互感器、电压互感器、SF_6气体压力表、压力表计、油位表计等。表4-1为避雷器巡检航线。

2.作业执行过程

按照作业规程，现场满足作业条件的情况下，机场控制平台下发无人机巡检任务，无人机按照既定航线开展巡检工作。巡检过程中，作业人员在监控后台密切关注无人机飞行状态，保障飞行作业安全。图4-22为无人机巡检航线，图4-23为作业人员在后台监控。

表 4-1　避雷器巡检航线

航线名称	间隔单元类型	点位序号	小类设备	点位名称	巡检确认内容
避雷器巡检航线	220kV线路间隔	1	铭牌	铭牌A相	清晰，无脱落、褪色
		2	本体	本体全貌A相	无歪斜，外观无破损，测温无异常
		3	引流线	引流线A相	无断股、抛股或烧伤痕迹，连接、金具良好，测温无异常
		4	均压环	均压环A相	无松动、锈蚀、歪斜现象，测温无异常
		5	连接螺栓	顶部连接螺栓A相	无锈蚀或插销脱落现象
		6	瓷套	本体瓷套A相	清洁，无裂痕、破损、放电闪络，测温无异常
		7	底座	底座（法兰）A相	底座金属表面无锈蚀或油漆脱落现象
		8	在线监测终端	泄漏电流表计及计数器A相	指示正常
		9	接地引下线	接地引下线A相	接地引线无松动、锈蚀、断股
		10	接地端	接地端A相	接地端无松动、锈蚀、断股
		11	铭牌	铭牌B相	清晰，无脱落、褪色
		12	本体	本体全貌B相	无歪斜，外观无破损，测温无异常
		13	引流线	引流线B相	无断股、抛股或烧伤痕迹，连接、金具良好，测温无异常
		14	均压环	均压环B相	无松动、锈蚀、歪斜现象，测温无异常
		15	连接螺栓	顶部连接螺栓B相	无锈蚀或插销脱落现象

航线名称	间隔单元类型	点位序号	小类设备	点位名称	巡检确认内容
避雷器巡检航线	220kV线路间隔	16	瓷套	本体瓷套B相	清洁，无裂痕、破损、放电闪络，测温无异常
		17	底座	底座（法兰）B相	底座金属表面无锈蚀或油漆脱落现象
		18	在线监测终端	泄漏电流表计及计数器B相	指示正常
		19	接地引下线	接地引下线B相	接地引线无松动、锈蚀、断股
		20	接地端	接地端B相	接地端无松动、锈蚀、断股
		21	铭牌	铭牌C相	清晰，无脱落、褪色
		22	本体	本体全貌C相	无歪斜，外观无破损，测温无异常
		23	引流线	引流线C相	无断股、抛股或烧伤痕迹，连接、金具良好，测温无异常
		24	均压环	均压环C相	无松动、锈蚀、歪斜现象，测温无异常
		25	连接螺栓	顶部连接螺栓C相	无锈蚀或插销脱落现象
		26	瓷套	本体瓷套C相	清洁，无裂痕、破损、放电闪络，测温无异常
		27	底座	底座（法兰）C相	底座金属表面无锈蚀或油漆脱落现象
		28	在线监测终端	泄漏电流表计及计数器C相	指示正常
		29	接地引下线	接地引下线C相	接地引线无松动、锈蚀、断股
		30	接地端	接地端C相	接地端无松动、锈蚀、断股

图 4-22　变电站内的无人机巡检航线

图 4-23　作业人员在后台监控

3.作业后数据处理

无人机完成巡检任务后，巡检照片自动通过部署在现场的无人机机场上传到管控平台。巡检的图像可以由人工进行查看或者采用人工智能算法进行自动甄别，并将初步识别出的疑似缺陷图片推送至运维人员审核。由于巡检过程无需人员到达现场，而且可以对变电站内的高空设备进行全方位的查看，大幅提高了巡检效率。图 4-24 和图 4-25 分别为应用无人机拍摄的变电站巡检图像和红外检测图片。

（a）龙门架构   （b）设备顶部

（c）绝缘子及绝缘子串   （d）避雷器

（e）电流互感器   （f）主变压器

图4-24　无人机拍摄的变电站巡检图片

4.3.3　应用效果分析

（1）依托无人机机场，运维人员可以更高频次地运用无人机开展精细化巡检，覆盖了人工、高清视频及智能巡检机器人等地面巡检无法及时观察到的区域，提升缺陷发现率，显著提高了电网运检的精细化管理水平。

（2）无人机可以近距离检查变电站设备运行状态，及时发现缺陷，有效弥补传统巡检方式的不足，提高变电站巡检质效。

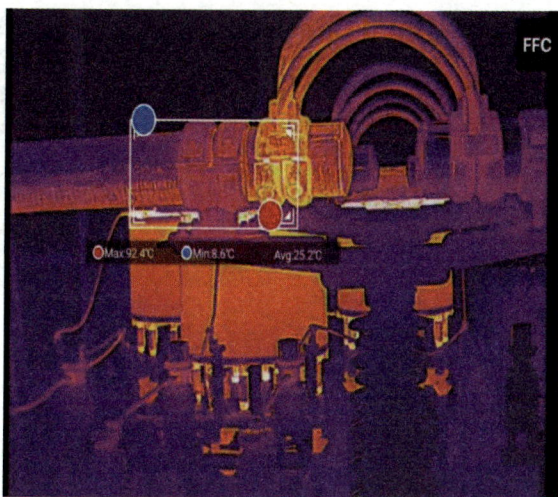

图4-25　变电站无人机拍摄的红外检测图片

4.4　电力无人机机场在配电网巡检中的应用

　　配电网作为电力系统的重要组成部分，承担着从输电网或地区发电厂接收电能，再通过配电设施就地分配或按电压逐级分配给各类用户的任务。配电网直接与供电用户相联系，因此，配电线路的安全稳定运行对电力系统的安全稳定供应起着至关重要的作用，更是社会稳定和百姓日常生活的基础。配电网线路分布具有点多面广的特点，呈现网格状，由城市中心、变电站向外侧辐射，架空配电线路多位于地形复杂的野外，避雷器、绝缘子、导线及其他金具容易受到雷电、风雪及违章施工等自然和人为因素的破坏，因此，运维人员需要定期对配电网线路进行巡检，以确保线路的正常运行，配电网典型环境如图4-26所示。传统的配电网巡检方式是人工在地面以仰视角度靠肉眼进行观察，一方面，无法直接观察到线路设备高处或顶部的情况；另一方面，巡检安全性差且效率低下。

　　近年来，随着无人机技术的飞速发展，无人机由于机动灵活、视野广阔，能到达人员无法到达或不便到达的地方等特点，在电力、交通、物流和农业植保等多个领域得到了广泛应用。尤其在电力巡检领域，无人机作为新型巡检平台已广泛应用于电力巡检业务的活动中，逐步从巡检工具转变为新

(a) 配电网柱上变压器

(b) 山区配电网线路环境

图4-26 配电网典型环境

型配电网数字化运维模式。无人机挂载可见光或红外镜头实现对配电网线路的精细化巡检，发现线夹发热、绝缘子裂纹、避雷器失效等人工巡检不易发现的缺陷。无人机可以更加高效、安全地完成配电网巡检任务，把巡检人员从高强度、高风险、重复性的体力劳动中解放出来。图4-27为基于无人机倾斜摄影的架空配电线路三维模型。

图4-27 基于无人机倾斜摄影的架空配电线路三维模型

鉴于上述原因，电网企业高度重视无人机在配电网巡检作业中的应用，国家电网有限公司2022年印发《国家电网有限公司关于加快推进设备管理专业无人机规模化应用的通知》要求，2023年配电线路无人机巡检班组应用覆盖率达到50%，构建基于机场网格化巡检的中继飞行作业模式，推动自主巡检规模化应用，分批选取基础条件好、应用成熟的地市和县公司建成配电网自主巡检示范单位,"十四五"末,配电线路无人机自主巡检应用覆盖率达到100%。

在国网设备部的推进下,配电网无人机自2023年实现多场景应用,国家电网有限公司积极推进配电网无人机多场景应用。国网福建电力自2020年试点配电网无人机巡检应用,2023年实现配电网无人机规模化应用,完成超50%架空配电线路无人机精细化巡检,100%高故障线路三维建模,预计2024年完成全省配电网线路无人机巡检全覆盖。与此同时,无人机应急、无人机+局部放电、无人机+紫外、无人机工程验收、无人机清障、无人机+X光等多场景应用异彩纷呈,如图4-28~图4-31所示。

图4-28　使用系留无人机高空照明为配电抢修作业提供照明

图4-29　使用垂直起降无人机对洪涝灾后配电网灾损勘查

图4-30   使用小型多旋翼无人机对架空配电线路开展巡检作业

图4-31   国网泉州供电公司员工使用无人机对10kV架空配电线路验收

　　由于配电线路距离相对较短、网格较密集、支线路径复杂，加之受限无人机单机续航里程约束所导致的巡检范围瓶颈，因此传统电力线路无人机"线"型辐射巡检模式难以适用。无人机机场可为无人机提供存放空间、环境监测、数据传输、电能补给等功能，实现无人机远程控制、无人作业，有效提升无人机应用效率与潜力，但是现有无人机机场质量较大、价格昂贵，在配电网巡检作业中全面应用存在困难。亟须研究架空配电线路小型化全自动机场关键技术，提升福建省内区域范围内无人机自主巡检覆盖率，推进配电网无人机规模化应用，提升运检质效。

4.4.1 用于配电网巡检的电力无人机机场安装部署

配电网无人机机场安装部署，需要兼顾供电、供网、防盗、备降、空域、安装、维护、协调等多种限制因素。可选布置点位包括供电所、村委会、变电站、巡检站、杆上、居民家等，无人机机场部署电网综合因素分析表如表4-2所示。提前利用无人机可见光拍摄或倾斜摄影建模，结合地理信息图像，综合以上原则与因素查找最佳布点。根据综合分析，供电所、巡检站为较推荐部署点位，考虑现有无人机续航时间有限，在杆塔上部署的方式更加符合线路巡检的需求，但在安装、维护等方面存在需要解决的问题。

表 4-2 无人机机场部署电网综合因素分析表

因素	变电站	巡检站	供电所	村委会	居民建筑	杆塔
电源	易	易	易	易	中	难
网络	易	易	易	中	中	难
防盗	易	中	中	中	难	中
备降	易	易	中	中	中	难
空域	易	易	中	易	中	中
安装	易	易	易	易	难	难
维护	难	易	易	易	中	难
协调	易	易	易	中	难	易
推荐指数	★★★★	★★★★★	★★★★★	★★★★	★★	★★★

由于配电网环境复杂多样，在部署电力无人机机场时需要考虑机场供电、通信网络及防盗措施等条件，通常会在建筑屋顶、配电线路杆塔等位置进行安装。其中，在配电网线路附近的已有建筑屋顶进行安装是一种较普遍的做法，如图4-32所示。在屋顶的承受力及排水条件满足部署机场的情况

下，屋顶部署机场的优势包括安装维护方便、供电和网络通信基础良好、防盗安全性较高等。同时屋顶安装可以有效避免信号屏蔽问题，为无人机巡检作业提供良好通信链路。

图4-32 在屋顶部署的电力无人机机场

国网福建电力机巡中心联合国网罗源供电公司，在罗源步洋供电所部署了系统内首台以配电网线路为核心的"接续式"机场，在供电所屋顶、配电塔上、村委会等地部署5套接续式机场，突破了传统"一机场一无人机"强绑定巡检模式，延伸巡检范围超4倍，理论上可无限拓展巡检距离。5套接续式机场的示范部署选点如表4-3所示。

表 4-3 福建罗源步洋供电所接续式机场的示范部署选点

序号	区域	照片
1	起步供电所	

续表

序号	区域	照片
2	食用菌研发中心	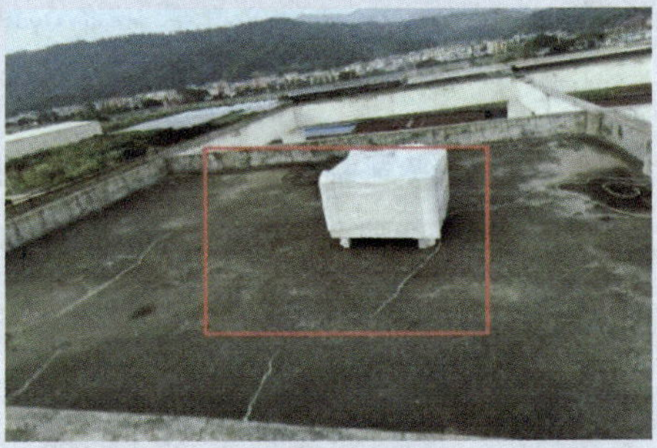
3	党林村（塔上）	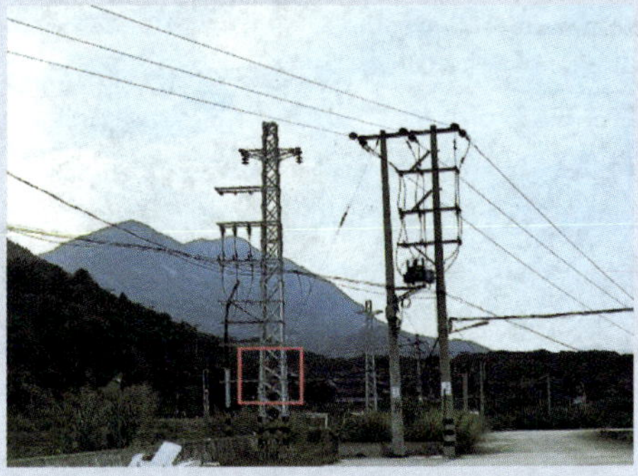
4	党林村（养老院）	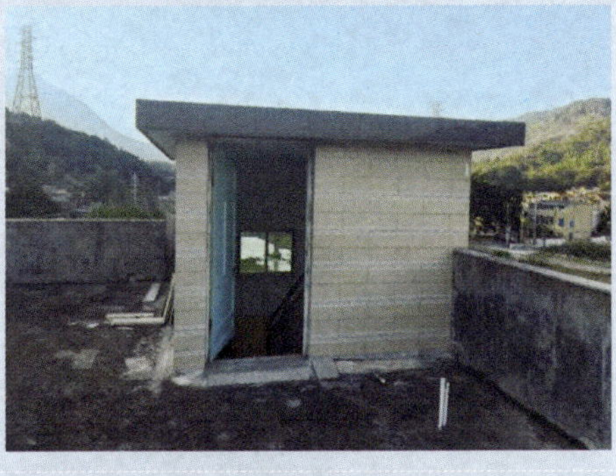
5	洋北村服务中心	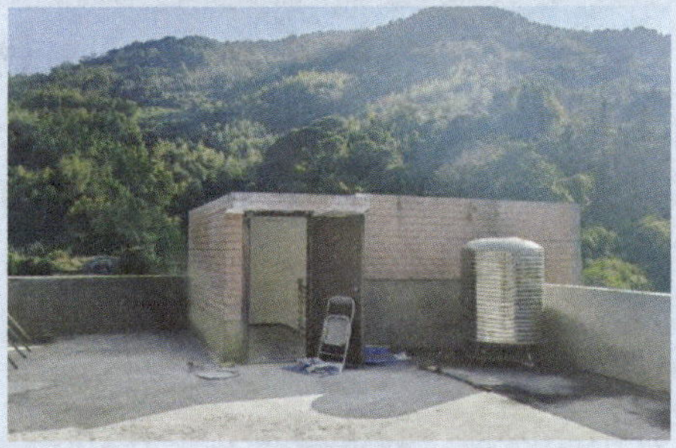

而当所需巡检的配电网线路附近没有合适的建筑屋顶,需要在线路杆塔上部署时,则要注意的是由于配电网线路杆塔相对输电杆塔在承受力、体积、结构等方面均相差较大,部署机场可能会对配电网杆塔产生不同的受力情况,影响其结构稳定性。例如,如果部署位置距离杆塔过高,无人机自动机场的重量可能导致其结构稳定性下降。此时,则可以采取适当的结构加固措施,以提高配电杆塔的结构稳定性。无人机机场在水泥杆、铁塔上的安装,如图4-33和图4-34所示。

(a)水泥杆基础加固　　　　　　　　(b)杆塔上部署的机场

图4-33　水泥杆基础加固和机场部署

(a)塔上安装机场的结构示意　　　　　(b)塔上安装机场的实际效果

图4-34　铁塔上的机场安装示意及效果图

最终,综合考虑无人机续航时长,以及供电、网络、安全等多方面因素,福建罗源步洋接续式机场示范区部署选点位置选择了供电所屋顶、食用菌研发中心屋顶、村委会屋顶、配电塔上等点位,如图4-35所示。

（a）福建起步供电所屋顶部署的机场　（b）福建罗源食用菌研发中心屋顶部署的机场

（c）部署在10kV塔上的机场

（d）党林村养老院屋顶部署的机场　　（e）洋北村服务中心部署的机场

图4-35　福建罗源接续式机场示范区部署情况

4.4.2　基于电力无人机机场的配电网巡检作业

根据巡检对象的不同，基于电力无人机机场的配电网无人机巡检主要进行线路通道巡检和线路精细化巡检。

（1）线路通道巡检。指无人机搭载可见光或激光雷达设备对线路廊道内的导线异物、杆塔异物、违章建筑、违章施工、通道环境等进行快速巡检，

131

基于机场可以对线路通道中突发的异常情况进行快速排查，保障线路通道的安全，拍摄的图片如图4-36~图4-38所示。

图4-36 无人机开展配电网通道巡检作业拍摄的图像

图4-37 无人机开展配电网现场施工监督拍摄的图像

图4-38 架空配电线路通道三维建模

（2）线路精细化巡检。指无人机搭载可见光或红外设备，对架空线路（杆塔、基础、导线、铁件、金具、绝缘子、自动化设备、拉线等）、柱上开关设备（含跌落式熔断器）、柱上变压器、防雷和接地装置等设备设施进行多方位精准拍摄或运行状态信息实时采集的巡检作业，10kV架空配电线路无人机精细化巡检拍摄的建议点位如表4-4所示。

表 4-4　10kV 架空配电线路无人机精细化巡检拍摄建议点位

编号	拍摄部位	无人机拍摄位置	拍摄角度	拍摄质量要求	备注
1	杆塔全貌	杆塔远处，并高于杆塔	俯视45°	杆塔完全在影像画面内，能够清晰分辨杆身周围环境	不少于1张
2	杆顶	杆塔正上方	垂直向下	能够完整看到杆塔顶端绑扎线、绝缘子、横担情况	不少于1张
3	柱上左侧设备	杆塔左侧	0°～45°俯视	包含避雷器、断路器、隔离开关、跌落式熔断器、绝缘子、变压器等线路重要电气设备及电缆头、套管、铜铝过度线夹等重要连接点。能够清晰分辨销钉级缺陷、绝缘子表面损痕及断路器、隔离开关铭牌及状态。设备相互遮挡时，采取多角度拍摄	每个设备设施不少于1张

编号	拍摄部位	无人机拍摄位置	拍摄角度	拍摄质量要求	备注
4	柱上右侧设备	杆塔右侧	0°～45°俯视	包含避雷器、断路器、隔离开关、跌落式熔断器、绝缘子、变压器等线路重要电气设备及电缆头、套管、铜铝过度线夹等重要连接点。能够清晰分辨销钉级缺陷、绝缘子表面损痕及开关、刀闸铭牌及状态。设备相互遮挡时,采取多角度拍摄	每个设备设施不少于1张
5	小号侧走廊	横担平齐	平视	能够清晰完整看到杆塔的通道情况,如建筑物、树木、交叉、跨越的线路等	不少于1张
6	大号侧走廊	横担平齐	平视	能够清晰完整看到杆塔的通道情况,如建筑物、树木、交叉、跨越的线路等	不少于1张
7	杆号牌	杆身侧上方,必要时使用变焦拍摄	平/俯视	可清晰辨识文字内容	不少于1张
8	基础	杆身侧上方,必要时使用变焦拍摄	俯视	可清晰辨识基础破损、贯穿性裂纹、周围土壤有无挖掘或沉陷、杆塔有无被水淹、水冲等	不少于1张

无人机精细化巡视拍摄的图片如图4-39～图4-41所示。

图4-39 无人机拍摄的配电网断路器图片

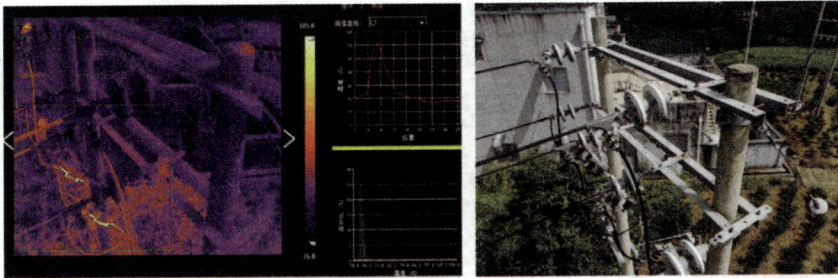

（a）配电网隔离开关部件红外图片   （b）配电网隔离开关部件可见光图片

图4-40　无人机红外巡检作业拍摄的图片

杆塔全貌　　　　基础　　　　杆号牌　　　右侧设备：电缆头　右侧设备：跌落式熔断器

右侧设备：绝缘子　　杆顶　　　小号侧走廊　　　大号侧走廊　　左侧设备：绝缘子

图4-41　典型无人机精细化巡检拍摄影像组图

　　根据巡检目标不同，配电网无人机巡检作业可分为日常巡检、故障特巡、应急特巡等作业，无人机冰雪灾后应急勘查如图4-42所示，无人机在台风洪涝灾后开展应急特巡拍摄的图片如图4-43所示。

图4-42　无人机冰雪灾后应急勘查

图4-43　无人机在台风洪涝灾后开展应急特巡拍摄的图片

采用无人机机场的配电网线路及设备巡检主要包含有以下巡检：①故障性巡检，即对故障的地点和原因进行科学详细的排查以实现供电所功能的高效运营；②特殊定期巡检，即在某些恶劣的天气条件下由于过负荷运行造成的故障维修及定时依据配电线路的周围环境变化与实际运营状况而定期进行的巡检管理；③监察性与夜间巡检，依靠配电运行部门的技术人员来指导相关人员的工作，再者，还需要在夜间严格检查有无闪络放电与配电设备开关连接点是否一致等现象。

通过在配电线路布置额外机库，同一无人机可实现在不同机场之间进行充电/换电续航，实现接续式的输变配无人机巡检模式，该模式可以突破网格间壁垒，探索新的无人机巡检模式，通过集群化的使用，能够有效提高无人机的巡检效率，多机场接续式巡检通信方式示意图如图4-44所示，接续式机场部署覆盖范围图（半径3km）如图4-45所示。

4.4.3　应用效果分析

无人机机场在配电网中的应用，极大提升了现场巡检响应效率，在迎峰度夏、抗击洪涝、冰雪灾后、重大活动、重要节日等人员紧缺期间，机场的全自主巡检成效显著。在福州罗源境内部署5套机场，支撑无人机接续式飞

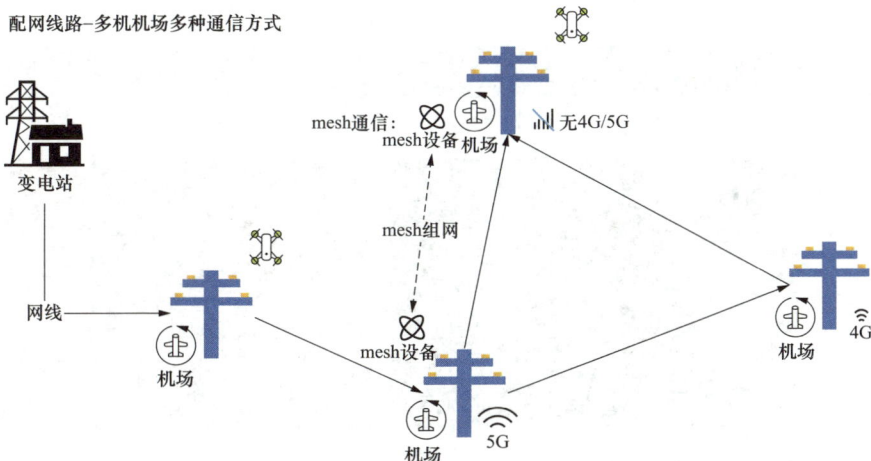

图4-44 多机场接续式巡检通信方式示意图

图4-45 接续式机场部署覆盖范围图（半径3km）

行，有效提升了巡检作业覆盖范围，单机巡检半径由3km提升至12km以上，覆盖10kV配电杆塔287基、输电线路10条、变电站2座。目前已常态化用于每日巡检作业，完成全线路接续式巡检作业需2h，有效替代了传统人工巡检，成为供电所新的"空中奇兵"。无人机开展配电网巡检拍摄的图片如表4-5所示。

表 4-5　无人机开展配电网巡检拍摄的图片

巡检可见光和红外图像示例

巡检结果示例

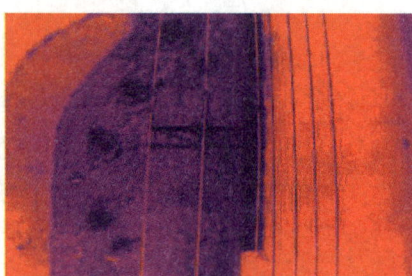

巡检可见光和红外图像示例

巡检结果示例

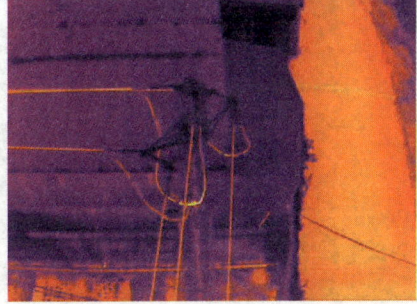

巡检可见光和红外图像示例

巡检结果示例

续表

巡检可见光和红外图像示例

| 巡检结果示例 | |

4.5 基于机场的网格化巡检应用

通过机场的规模化部署，实现了输变配设备的智能协同巡检，提高了巡检效率。对输电、变电、配电进行融合巡检的区域划分，如图4-46所示。近年来，无人机网格化巡检得到了逐步推广应用。2021年9月，国网山东省电力公司首次开展输、配、变电站无人机自主巡检网格化覆盖应用，在部分特高压变电站和重要输电通道部署4个无人机机场，无人机可覆盖巡检10km半径范围内的输电通道、5km半径范围内的杆塔及变电站内各种设备的精细化巡检，能进行可见光精细化、红外测温、通道巡检、应急处理等多种作业方式。2021年11月，国网冀北电力唐山供电公司成功打造"无人机网格化自主巡检示范区"，在输电运检中心构建了国家电网首套集一舱多控、网格化布置、智能识别、自主巡检飞行等功能为一体的"1+N"远程集控巡检系统，建立曹妃甸工业区30min巡检圈，实现曹妃甸工业区输电线路无人机远程巡检全覆盖。2022～2023年，国网福建电力三明供电公司、福州供电公司、泉州供电公司先后在山区、海岛、平原等区域建成输变配电网格化巡检示范区，攻克网格化巡检中不同地形地貌下的无人机自主巡检关键技术，相关成果获得央视新闻、《国家电网报》等媒体的报道。

图4-46 输电、变电、配电融合的网格化巡检示范区

以下对国网福建电力在福建省内某海岛上的网格化巡检应用为案例进行介绍。

1.网格化巡检案例概述

福建某海岛由14条主网线路、9座变电站为全岛供电，岛上电网设备常年在强海风、高盐密环境中运行，日常巡检周期短、巡检工作量大。在海岛上部署4套无人机机场，每套机场以变电站为中心，巡检范围可包含3km半径内输、配电线路及变电站。4套无人机机场巡检范围可覆盖13条输电线路、4座变电站、61条配电线路。按照例行巡检任务安排，无人机对某变电站网格区域内的电网设备进行巡检。任务时间：2023年3月27日下午3点。环境条件：天气晴，16℃，风速7m/s。作业现场鸟瞰图如图4-47所示。

图4-47 作业现场鸟瞰图

2.技术方案

通过无人机网格化作业管理平台，对输电、变电、配电的无人机巡检任务进行调度，向110kV前进变电站网格区域内的无人机机场下发协同巡检任务及相应航线，无人机机场接收任务，按照既定的航线开展网格区域内电网设备自主巡检，巡检照片线上回传至平台。平台首页如图4-48所示。

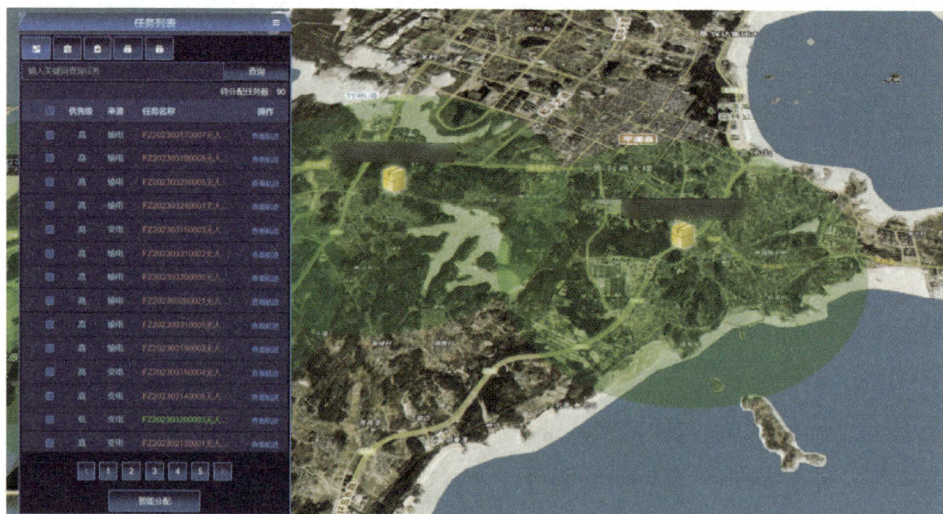

图4-48　无人机网格化作业管理平台首页（1个绿圆代表1个网格）

3.实施过程

（1）部署于110kV变电站的无人机机场接收到巡检任务，预览巡检航线，确认巡检路线满足作业需求。无人机巡检航线预览如图4-49所示。

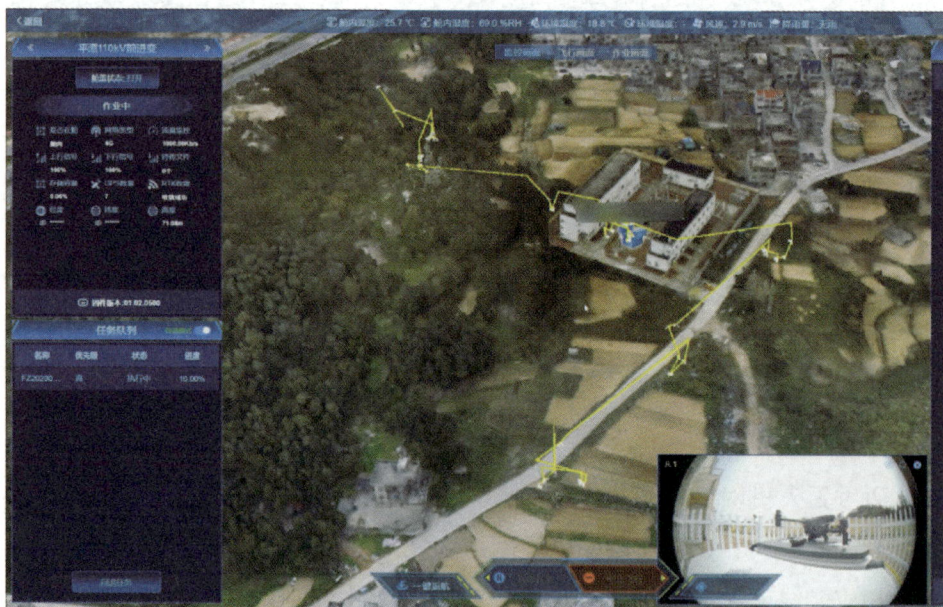

图4-49　无人机巡检航线预览

（2）无人机启动后，首先对变电站设备开展巡检作业，重点针对变电站高空架构、设备顶部等部位开展巡检，海岛地区湿度高、盐度高，需关注设备严重锈蚀、腐蚀等情况。无人机巡检变电站设备拍摄图片如图4-50所示。

图4-50　无人机巡检变电站设备拍摄图片

（3）在完成变电站设备巡检后，开展相邻输电线路巡检作业，重点关注线路通道树障、杆塔鸟巢异物、严重锈蚀等情况。无人机巡检变电站相邻的输电线路拍摄的图片如图4-51所示。

图4-51　无人机巡检变电站相邻的输电线路拍摄的图片

（4）在完成输电线路设备巡检后，开展相邻配电网线路巡检作业，重点关注线路外破、严重锈蚀等情况。无人机开展配电网线路巡检拍摄的图片如图4-52所示。

图4-52　无人机开展配电网线路巡检拍摄的图片

（5）无人机自主巡检完成后，无人机网格化作业管理平台自动对巡检照片按照专业进行分类，方便各专业运维人员查看。无人机网格化作业管理平台上的巡检照片如图4-53所示。

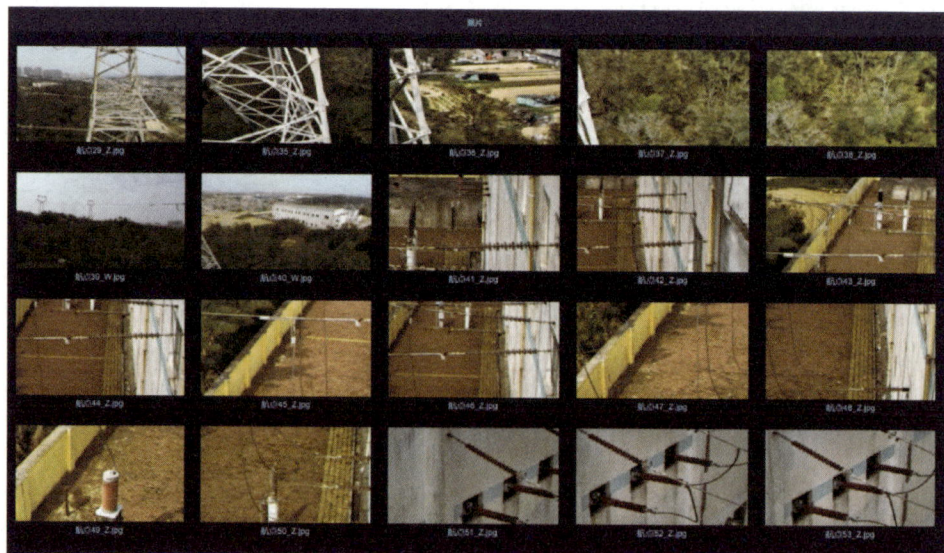

图4-53　无人机网格化作业管理平台上的巡检照片

4.结果分析

（1）打造多专业联合巡检体系，通过无人机网格化应用，可实现对架空线路及设备的通道巡检、可见光精细化巡检和缺陷识别、红外影像缺陷识别、违章施工喊话警示、线行隐患识别，以及实现对变电站设备的可见光精细化巡检和缺陷识别、红外影像缺陷识别、读取表计和油位等功能。此次任务完成2个变电站主变压器间隔、4基输电杆塔、7基配电杆合计117个点位拍摄工作，发现杆塔鸟巢异物1处、配电网外破隐患1处。

（2）驱动机巡业务资源复用，集约无人机资源，实现输电、变电、配电专业统一集中管理，共享无人机机场及无人机巡检数据，减少重复投资、重复巡检。按照传统巡检模式，此次任务至少需6名运维人员携带3架无人机多次往返作业现场，采用无人机网格化协同巡检模式，仅应用1架无人机（机场）即可完成，实现一架飞机输电、变电、配电多专业共享，一次飞行多任务共用，并且无需运维人员到达作业现场，节省大量工时，提升运维巡检的时效性。

（3）勾勒"数字化＋无人化"智能作业图景。一方面实现业务流程的数字化，依托云端系统和边端机场，实现飞行空域管理、巡检计划制定、作业安全监控、数据交互处理、辅助检修决策等业务全过程线上流转，基于智能算法和加密通信，提高缺陷隐患识别分析、数据安全防护及作业全流程管控能力；另一方面实现现场作业的无人化，运检人员无需抵达作业现场，切实减轻一线员工作业压力，降低通勤成本。

（4）提升应急勘灾响应速度。利用规模化部署的无人机机场和集群化作业的无人机，能够极大提升发生自然灾害时的应急勘灾响应速度。通过远程下达自定义航线任务，无人机能够迅速前往灾害现场，传回受灾情况的实时画面，为生产指挥监控中心的抢险救灾决策提供强有力的技术手段。

4.6 应急及其他场景下的应用

机场作为操作人员和无人机之间的"媒介"，使得无人机的部署位置更加贴近现场，提升了不同作业场景下的时效性。前置的机场除了能够支撑开展日常巡检工作之外,还可在发生突发状况时(如自然灾害、突发公共事件等)以远程操控的方式在第一时间对现场进行应急特巡。为了保证在应急情况下的处理,一方面无人机和机场自身具备防抗突发状况的应对能力,另一方面是具备对执行应急任务的响应能力。

4.6.1　无人机和机场的应对能力

满足应急响应需求的前提是机场及无人机具备良好的应急应对能力。以电力巡检无人机为例,由于电力设备附近环境复杂,为保证无人机本体的安全,制定相应的应急应对策略。常见的应急情况及策略包括:GPS信号丢失后无人机无法准确定位的情况下,无人机将结合采用就近降落方式;无人机控制链路中断后,在自主巡检情况下,无人机可继续执行原定任务或自动返航;无人机发生坠机状况时,打开降落伞(部分无人机配置)并记录下无人机坠落时的最后位置。

机场的一个重要作用是为无人机提供良好的IP防护及抵抗外力冲击能力,具备一定的自然灾害应对能力。当无人机自身发生异常或者当自然灾害导致电能供给中断、外力破坏和网络问题等突发情况时,机场可以增强无人机的应急应对能力,降低因突发状况而导致的损失。针对电能供给问题,机场内配置不间断电源(uninterruptible power supply,UPS)确保机场在短时停电时仍能维持机场的内环境稳定、协同无人机起降及外部状态监控;而在发生外力破坏、外部网络异常等情况时,机场将向无人机发送自身受损程度、剩余电量等信息,无人机可以根据信息判断能否降落到该机场,若无人机需要降落,则机场将配合无人机完成降落程序,若不具备降落条件,则指导无人机飞向附近的其他机场,判断避免因机场异常导致无人机本体受损。当无人机出现上述状况时,机场将进行相应的交互并配合无人机处置突发情况:通过机场与无人机之间的通信,可以利用多个机场建立无人机的定位关系、无人机拥有与多个机场的冗余通信链路,辅助无人机自动选择就近机场紧急备降。

4.6.2　应急任务的响应能力

在自然灾害、突发公共事件等情况下,通常人员难以直接进入现场,需要依赖机场进行远程操控无人机进行巡检作业。在无人机与机场确保本体正常的前提下，利用机场进行远程操控，有效提升应急响应能力。在突发状况发生后，机场首先进行自检，确认自身的电源供给、机械结构、各传感模块等是否正常并判断能否支撑应急巡检作业；在确认通信正常后，检测无人机的状态，并将状态情况一起上传；在确定可以正常执行任务后，根据应急巡检需求，远程操控无人机对附近的受灾区域进行快速巡检。采用机场后的无人机应急响应与单纯使用无人机进行巡检相比，具有以下优势：

（1）提升响应效率。可就近即时启用无人机开展巡检工作，无需等待应急人员到达现场，并且在完成巡检后，通过机场将巡检数据上传，可以帮助应急指挥人员第一时间了解灾害现场情况。

（2）提升作业安全性。灾后现场环境复杂且易发生次生灾害，对人员的生命安全造成威胁。采用机场技术，现场实现完全无人化的应急巡检，可最大限度减少进入灾害现场的巡检人员数量，从而降低巡检过程中发生意外的概率；此外，无人机从机场起飞后，快速对受损电网设备及其周围环境进行巡检，及时提供现场影像资料，为后续人员进入现场前准备防护用品、安全注意事项等措施提供决策参考，保障人员在现场的作业安全。

（3）优化应急响应模式。在灾前阶段，在传统的应急响应中，需要根据台风监测数据进行灾害预判，并预先部署应急力量。由于灾害的发生具有极大不确定性，导致部署的应急力量与实际受灾地区不匹配，从而造成不必要的浪费。采用机场技术后，可以利用现场部署的机场作为前置的应急巡检力量，从而填补灾后临时增加应急巡检力量的需求。在灾中阶段，目前的应急响应主要是加强对电网系统及气象数据等信息的收集和监测，机场带有风速、雨量等传感装置，可以辅助进行气象数据的信息采集，为后续的应急指挥提供局部微地形气象数据。在灾后阶段，按照应急响应工作要求，需要尽快开展先期处置工作，基于机场的无人机巡检工作可以极大发挥作用，利用现场部署优势，第一时间开展巡检工作，并且通过机场网络将巡检数据进行回传，快速查明巡检区域内的电网设备受损情况，辅助抢修物资的快速调配。

由于突发状况的复杂性、随机性等问题，对于机场的功能要求及部署应用提出了更高的要求，而且在不同场景下的使用方式也存在较大的差异，给无人机机场的应急应用造成一定的困难。但鉴于机场在应急情况下具备的突出优势，其实际应用效果将产生良好的社会效益，因此相关的应用也在积极的探索中，并已有了部分的应用案例。

1. 基于无人机机场的电网线路覆冰状况巡检

冬季时节，在我国北方及南方山区的电网线路容易因低温雨雪冰冻天气而产生覆冰现象，从而降低线路部件的绝缘性能、增加导线和杆塔的载荷，覆冰严重时将危及线路安全。因此，覆冰状况的监测有助于电网运维人员组织除冰工作，及时消除电网线路的安全隐患。2024年1月22日，受雨雪天气影响，福建北部山区某220kV线路（跨山区段）出现大面积覆冰情况，对电网线路安全造成威胁。由于山区道路被冰雪覆盖，巡检人员难以靠近线路查看现场状况，为快速、精准掌握线路运行状态，输电运维班组启动部署于线路附近的网格化机场。在完成机场状态远程检查、航线确认等准备工作后，一键启动开展雪后特巡工作，第一时间获取线路覆冰情况。依托无人机机场，电网运维人员可以利用无人机进行高频次、近距离、全视角的观冰，清晰查看输电线路设备，尤其是导地线覆冰的情况，为准确判断导地线覆冰类型、测算覆冰厚度及制定除冰方案提供现场参考依据。雪后无人机巡检拍摄的输变电设备图像如图4-54所示。

（a）雪后变电站巡检图像　　　　　　（b）雪后输电线路巡检图像

图4-54　雪后无人机巡检拍摄的输变电设备图像

2. 基于无人机机场的山火灾害巡检

大量的电网线路通道经过山林，而由于高温天气、雷击及烧荒等原因诱发山火灾害，严重威胁电网线路安全。同时，受到地形、风向、风力等因素影响，山火蔓延的速度、方向变化快，而且存在爆燃问题，会对现场人员造成严重的人身危险。为应对山火灾害，电网企业应用输电全景监控平台及多普勒雷达、卫星、线路可视化设备，构建电网立体山火防控体系。而无人机机场的加入，为电网企业的山火防控提供了更直观、高效的手段。在收到火情信息后，监控平台操作人员可以向火点附近的无人机机场下发山火巡检任务，使用无人机开展山火巡检，借助无人机高空视角、实时图像传输的有利优势，巡检人员能全面地看到林区内各类动态信息，如图4-55所示。通过前置的无人机机场，弥补了多普勒雷达、卫星、线路可视化设备在电网线路山火灾害监测中存在的不足，提供了更全面的无人值守山火巡检方案，打造"调度快、侦察快、预警快、响应快、图传快"的火情巡检模式，确保火情早发现、早处置，提升森林防火灭火效率。

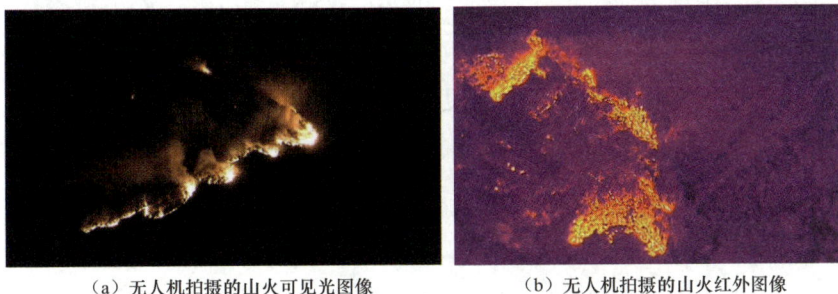

（a）无人机拍摄的山火可见光图像　　　　　（b）无人机拍摄的山火红外图像

图4-55　山火灾害时无人机巡检拍摄的图像

3. 基于无人机机场的洪涝灾害巡检

电网线路（尤其是配电网）在洪涝灾害冲击下，容易发生杆塔倒断，从而导致供电中断。为了尽快开展电网线路的灾后抢修工作，需要获取现场灾损的影像数据。然而，由于洪涝灾害通常也会造成道路损毁，导致巡检人员无法进入现场。卫星拍摄方式具有分辨率低、易受云层干扰且成本较高等问题，难以对洪涝灾害后的配电网灾损进行清晰、快速的拍摄。无人机机场的部署，为灾害地区的配电网线路灾损巡检提供了可行方案。由于无人机机场通常配置有蓄电池，在灾后电网供电中断情况下仍能够在限定范围内执行巡检工作，第一时间开展灾害区域内配电网灾损情况的拍摄，并在达到有网络的区域后，将巡检图像回传给应急指挥部门。图4-56为洪涝灾害后无人机巡检拍摄的配电网灾损图像。

（a）洪涝灾害后配电网现场图像　　　　　　（b）配电网倒杆图像

图4-56　洪涝灾害后无人机巡检拍摄的配电网灾损图像

4.6.3　其他典型场景应用

除了电网领域，无人机机场还可应用于水电、光伏、风电等发电侧领域。这些发电系统的发电出力受到自然环境因素影响，尤其是光伏、风力发电，发电系统的输出功率与时间高度相关。在人员赶赴现场的时间内，其运行工况可能发生大幅变动。利用机场在前端部署，可以快速进行现场问题的巡检，在问题发生的时候及时进行排查，将故障时的系统状态进行记录。

（1）水电站巡检。水电站应用巡检工作是保障水利枢纽安全运行的重要措施，同时兼具防汛和发电作用。水电站具有地势起伏大、环境复杂、覆盖面积广等特点，传统的人工巡检受到地理条件、气象因素及环境影响，存在较多的巡检盲区，不仅巡检效率低、成本高、风险大，而且巡检结果比较粗糙、巡检周期冗长。因此，无人机的应用可以有效解决以上问题，而无人机机场的部署，如图4-57（a）所示在水电站的坝顶、关键水域边坡等区域安装机场，将有利于进一步提升无人机对坝体外观、边坡环境、水域内人员和物体等情况的高效巡检，有助于保障水电站的安全生产。例如，在水电站管理部门收到新一轮强对流天气预报提示或水情报告后，可以通过集中监控中心紧急启动机场，选取针对防汛应急提前规划的水库、坝体及边坡等区域航线，下发巡检任务。如图4-57（b）所示，通过无人机对水库的泄洪通道、防汛设施的巡检，可及时发现并消除缺陷隐患，提前做好防汛措施。同时，通过在无人机上配置喊话器，在发现有紧急情况时，可以远程喊话现场人员，及时进行安全风险提示，避免发生人身事故。

（a）部署在水库区域的机场　　　（b）无人机对坝体进行巡检

图4-57　无人机巡检水电站坝体

（2）光伏电站巡检。光伏电站是一种利用太阳能发电的设施，由于其对环境友好、拥有可持续发展等优点，近年来得到了广泛应用。然而，由于其建设规模较大，维护难度较高，因此需要对其进行定期的巡检和检修，以确保光伏电站的正常运转和安全性。传统的巡检方法，需要专业人员进行人工巡检，存在着成本高、效率低、安全风险大等问题。由于光伏阵列的状态直接影响到光伏电站的发电功率，因此，在巡检过程中需要快速、准确发现光伏阵列中的故障。随着智能技术的发展，采用无人机巡检成为一种新的解决方法，通过红外相机实现对光伏面板的热斑缺陷检测、汇流箱发热等问题；通过可见光相机查看光伏阵列的外观情况，是否存在异物遮挡。同时，将机场部署在光伏系统的阵列中，一方面可以直接利用光伏阵列输出的电能满足机场的能量需求，另一方面无人机可以通过机场就地起飞巡检，实现对光伏阵列的快速巡检，可有效缩短巡检周期、提高缺陷的发现效率，图4-58为无人机对光伏发电系统进行巡检。

（3）风电场巡检。目前，我国约有4000多个风电场，而且规模还在不断拓展。在风力发电规模稳步提升的同时，风电场的运维管理问题逐渐凸显。风力涡轮机需要定期进行维护。通常每年需要进行两到三次的预防性维护检查，而大多数用于发电的现代风力涡轮机都有三个叶片且主流涡轮机叶片的尺寸在

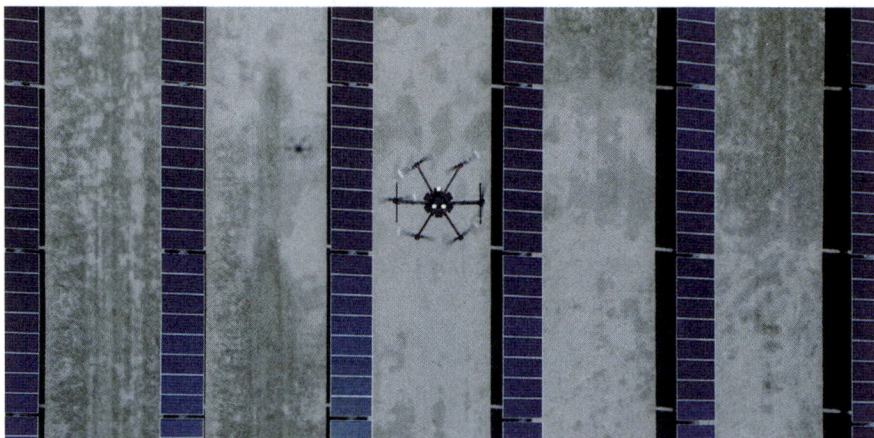

图4-58　无人机对光伏发电系统进行巡检

54m/56m/62m不等，传统的人工巡检方式存在作业量大、难度高、高空作业工作人员安全得不到保障等问题。不仅如此，叶片在巡检过程中，需要进行锁紧固定，因此在巡检过程中风机将停止发电，导致风力资源的浪费。将无人机机场部署在风机阵列中，在需要进行巡检时，可根据无人机起飞、飞行到达叶片的时间，确定风机叶片锁定时间，从而最小化风机停机时间，提高风机的发电运行时长。尤其是海上风电场、山区风电场的巡检中，无人机机场的应用部署可以进一步减少巡检人员抵达现场次数及巡检作业前准备耗时，实现风电场设备的快速、动态监测等，图4-59为无人机对风力发电设备进行巡检。

图4-59　无人机对风力发电设备进行巡检

4.7 巡检图像智能处理

4.7.1 处理的数据类型

无人机机场的应用极大拓展了无人机的巡检范围和作业时长，并且提供了巡检数据传输的通道。为了加快机场对业务的提升作用，需要对巡检图像进行智能处理。目前，对无人机巡检数据分类并没有统一的划分标准，先直接考虑对无人机搭载的采集装置类型进行划分，无人机上目前可以搭载的可见光相机、红外相机、多光谱的传感器及激光雷达等，对应产生了可见光图像、红外图像、多光谱数据及点云数据，如图4-60所示。

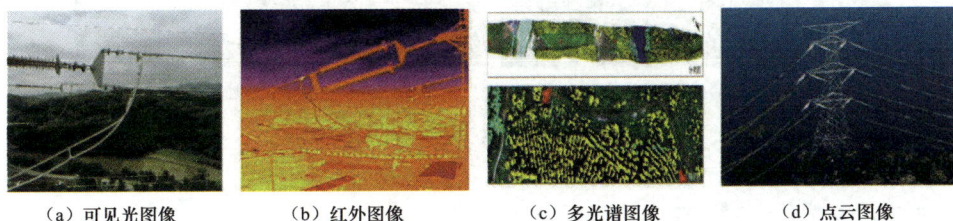

（a）可见光图像　　　　（b）红外图像　　　　（c）多光谱图像　　　　（d）点云图像

图4-60　无人机搭载不同设备采集的图像

在实际巡检过程中，是按照具体业务场景需要开展无人机巡检工作，并进行后续图像的分析处理。如图4-61所示，目前的巡检场景主要包括输电线路精细化巡检、变电站巡检、灾后电网应急巡检、线路通道三维扫描等。

其中，输电线路的精细化巡检，主要是使用一些小型的多旋翼无人机进行悬停、近距离的拍摄，检查线路的部位缺陷；变电站的精细化巡检，与输电线路巡检方式比较接近。但是由于变电站中的设备分布不一样，因此，在巡检过程中无人机的拍摄角度、距离等方面存在一定差异；灾后电网应急巡检方面，主要是面向配电网的灾损巡检图像，利用无人机的灵活、机动特性，克服灾后地理、气象等条件造成的限制，帮助现场巡检人员进行灾损信息快速的排查；线路通道三维扫描方面，应用无人机进行倾斜摄影或者携带激光雷达直接进行点云数据的生成，最后再利用建模软件把得到的点云数据进行处理，从而得到输电线路通道的三维模型。

（a）输电线路精细化巡检　　　　（b）变电站巡检

（c）灾后电网应急巡检　　　　（d）线路通道三维扫描

图4-61　按应用场景区分图像类型

4.7.2　图像数据处理流程

大量的数据与现有的人工分析效率之间，存在比较突出的矛盾。无人机和机场的普及应用，极大减轻了现场巡检作业，但是巡检后的数据量却极大增长，一个网省公司每月的巡检图像超过30万张。如何高效进行海量巡检数据的分析处理，成为一个新的关键问题。单纯依靠人工分析，不仅在分析这些海量数据过程当中容易存在疏漏、误判，而且难以发掘数据的潜在联系，导致数据的价值难以得到充分挖掘。

因此，探索基于深度学习的巡检数据挖掘技术，一方面以智能化方式进行数据处理，高效分析数据并减少数据挖掘中的人工工作量；另一方面在挖掘的过程中，形成数据的集约化管理模式，逐步且持续地实现数据累积并形成数据的规模化优势。进一步可以通过对这些数据进行不同维度的挖掘，发现这些数据之间在时间、空间及逻辑关系等方面的内在联系，比如一些设备的缺陷故障，可能会有季节性、地域性等特征。图4-62为图像数据的智能挖掘流程。

| 图像收集 | 样本标注 | 环境搭建 | 模型构建 | 优化训练 | 模型测试 |

图4-62　图像数据的智能挖掘流程

首先，是图像的收集。因为大部分情况下电网设备处于正常状态，图像收集工作的重点是采集异常图像。在收集图像的基础上，需要对异常的状态进行整理分类并编码。以输电线路精细化巡检图像的分类为例，目前的输电线路精细化巡检图像处理，已经是国家电网公司重点推进的一项工作。根据《输变电一次设备缺陷分类标准》（Q/GDW 1906）规定，输电线路的缺陷类型包括基础、杆塔、导地线、绝缘子、金具、接地装置、通道环境、附属设施8大类。为了让智能识别算法能够学习认识，需要对缺陷进行编码。目前主要遵循中国电科院发布的缺陷编码规范，输电线路缺陷根据其层级标签信息匹配唯一编码，编码采用9位数字，其中编码前6位用于表示线路设备的部件、部件类型、部位，每个层级占两位编码，第7至8位编码用于表示目标状态描述信息，第9位表示缺陷等级，编码1、2、3分别对应一般、严重、危急缺陷等级，正常设备编码后3位为0。例如：正常设备"杆塔—钢管塔—横担"编码为"010101000"，设备缺陷"杆塔—钢管塔—横担—歪斜—一般缺陷"编码为"0101010011"。这里给出的是部分编码表的样例，第一列就是9位编码，后面就是部件以及相应的缺陷情况，表4-6为部分缺陷的编码内容。

表 4-6　部分缺陷的编码内容

序号	编码	部件	部件类型	部位	描述	缺陷等级	缺陷依据
1	000001011	基础	基础	拉线基础	回填不够	一般	坑口回填土低于地面，有轻微沉降
2	000001012	基础	基础	拉线基础	回填不够	严重	坑口回填土低于地面，有严重沉降
3	000001021	基础	基础	拉线基础	基础保护范围内取土	一般	拉线基础被取土20cm以下

序号	编码	部件	部件类型	部位	描述	缺陷等级	缺陷依据
4	000001022	基础	基础	拉线基础	基础保护范围内取土	严重	拉线基础被取土20~30cm
5	000001023	基础	基础	拉线基础	基础保护范围内取土	危急	拉线基础被取土30cm以上
6	000001031	基础	基础	拉线基础	埋深不够	一般	拉线基础埋深低于设计值20~40cm
7	000001032	基础	基础	拉线基础	埋深不够	严重	拉线基础埋深低于设计值40~60cm

在确定好缺陷的类型编码基础上，则可以开始进行样本标注工作。而样本标注的一个关键点就是需要先确定样本标注的规范，如需要规定目标是如何框选，还有标注目标要如何命名等，通过统一的规范，保证大量图像能够按照统一要求制作成规范、标准的样本库。目前使用的标准软件包括LabelImg、COCO Annotation、Labelme等软件。以LabelImg为例，启动labelImg软件，并打开一张样本图像；然后使用软件左侧列表上的功能，在图片上直接框选需要标识的目标，并在弹出的对话框中输入规定的缺陷编码，如图4-63所示；最后，将文件进行保存，即完成图像中缺陷目标的标注。保存后生成的文件会有与图片文件相同的前缀名，通过文件名关联，形成一一对应的关系，用于深度学习模型的训练和测试。

在样本准备的基础上，为了实现模型的构建、训练及测试，需要根据使用的硬件（尤其是显卡的型号）及深度学习软件框架（比如TensorFlow、Caffe、Pytorch等），配置模型运行环境；然后，构建深度学习的模型构建的过程，可以根据实际场景的需要，自主进行模型构建，也可在先进算法架构的基础上进行局部调整。以典型的Faster RCN为例，介绍输电线路缺陷的智能识别过程。Faster RCNN网络架构主要包括了预选区域网络（regional proposal network，RPN）和分类识别网络2个组件网络。其中，RPN网络是一个全卷积网络，计算出预选区域的时间成本大幅降低，并能够更好地将目

图4-63　异常缺陷目标的标注

标检测的整个流程融入神经网络中。RPN的核心思想是将训练集中图像作为输入，输出矩形目标预选区域的集合，并将预选区域回归层和预选区域分类层，送到分类识别网络中进行分类识别。Faster RCNN网络架构如图4-64所示。

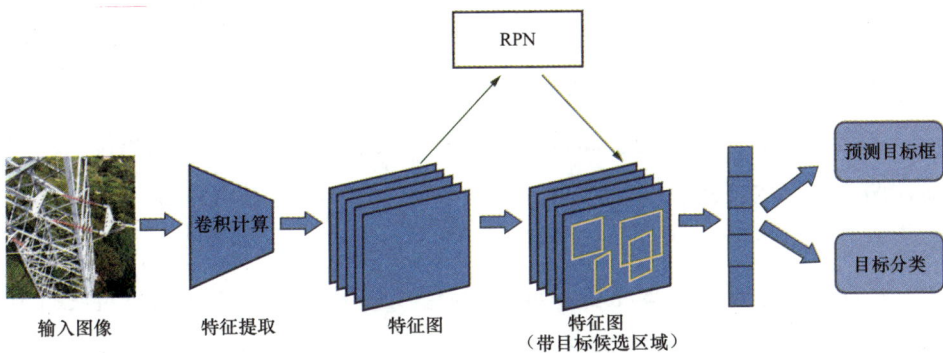

图4-64　Faster RCNN网络架构

在接下来的模型优化训练中，需要合理选择优化函数、学习率、batchsize等超参数；下一步则是由计算机自动进行模型的优化训练。在模型训练好之后，还要对模型进行测试，测试过程中的关键因素是选择模型的评估指标对模型进行测试，常规的指标包括了准确率(Accuracy)、精确率(Precision)、召回率(Recall)、F1-score、类别均衡准确率（mean Average Precision，mAP）

等。输电线路缺陷识别模型的评估指标采用发现率和误检比，而目前输
电线路缺陷智能识别模型对于无人机拍摄输电线路图像的主要缺陷发
现率已达到85%以上，图4-65为智能识别模型自动识别出的线路缺陷。

图4-65　智能识别模型自动识别出的线路缺陷

　　虽然目前的智能识别技术已经达到了较高水平，可发现大部分的线路缺
陷，但与完全无人化的缺陷查找目标还存在一定的距离。因此，后续还需进
一步优化模型的性能，主要可以从以下几个方面开展工作：①缺陷样本数据
的积累，目前用于缺陷智能识别模型训练的样本达到了百万级，但是样本分
布不均衡，部分缺陷样本仍然较少，因此需要进一步补充数量少的缺陷样本
图像；②算力、算法的协同提升，在算法方面，对算法的框架结构、参数等
进行优化；同时，增强算力配置，采用高算力GPU，提升优化训练的速度，
同时接纳更大规模样本输入训练；③评估指标方面，常规的算法评估指标，
如误报率、漏报率、mAP等指标是针对理想测试环境下进行模型测试的指
标，无法准确评估模型的实际效果。目前，采用发现率和误检比指标。但目
前这两个指标主要是在算法效果的评估方面，在模型的优化训练方面，体现
得还不够。

　　目前的图像处理主要是依赖深度学习模型，而深度学习模型的优化提升
需要大量的样本。未来，无人机机场的接入，可实现无人机巡检图像的实时
回传，将形成更丰富的样本数据库，并且促进形成业务数据与智能识别算法
的循环迭代。

4.8　电力无人机机场的应用建议

　　电力无人机机场可以在诸多的场合中得到应用，可以涵盖电力的发电、

输电、变电、配电等环节，并且在特殊应急场合下发挥高效巡检的优势。

（1）在发电侧，如水电站、光伏电站、风电场等巡检应用中，主要利用机场实现电站内缺陷隐患的快速、准确发现。通常情况下，电站内的网络通信、供电、防盗等条件较好，因此在应用机场时，主要考虑如何结合电站的特点，让无人机能够对电站内的重点巡视部位进行高效、精细巡检，以保障电力的安全生产，如快速发现大坝本体及周围的安全风险、光伏电站内的热斑、风机叶片上的砂眼等。

（2）在应急场景下的应用，由于应急巡检的特殊要求，对机场本体防护能力、通信链路可靠性、机场部署范围等提出了更高要求，建议采取日常巡检与应急特殊巡检兼顾的方式，提高应急场景下机场部署和使用的经济性。

（3）输电线路巡检的应用中，机场是长期在户外运行，需要综合考虑选址地点、安装方式、机场自身的防护能力、供电和通信网络等条件，保证机场能够安全、可靠、长期稳定地运行，切实支撑线路巡检作业质效提升，而不增加额外的机场运维工作。

第 **5** 章

电力无人机机场
发展展望

5.1 可靠性与智能化的提升

5.1.1 可靠性提升

无人机自动机场在一定程度上实现了真正的无人化巡检，同时由于机场部署在户外条件下而且所处的环境复杂，不仅要求无人机和机场具有优异的安全防护能力，而且其软硬件均应具有较高的可靠性，以降低运维周期及提升实用化水平。机场在整个巡检体系中，既是巡检系统的一部分，又是一个具备完整运行能力的个体。在其可靠性提升中可将无人机、机场及其对外通信系统视为一个整体，采用可靠性指标 R 进行综合衡量，$R=\mathrm{e}^{-\lambda}$，式中 e 为常数；λ 为机场的失效率。

机场的可靠运行不仅需要具备机场自身的软硬件，还需要协调无人机，因此，最终的失效率由机场自身的软硬件及与无人机协同性能共同决定。根据可靠性的评估理论，机场可靠性可以看作是机场软硬件及与无人机协同作业的各功能模块串联的结果。为了提升机场整体的可靠性，需要从以下两点进行考虑：①机场自身软硬件可靠性。在硬件方面，确保机场内各设备（包括电源模块、传感装置、机械动作装置、通信设备等）的稳定、无故障运行。在软件方面，主要包括数据交互、传感数据分析、操作指令下发和执行等功能的执行，并且在软件执行过程发生问题时，具有采取补救措施，避免因某个程序的卡顿导致整个系统的崩溃甚至设备的损坏。②机场与无人机之间的协同配合，在现场执行作业的过程，是机场与无人机的有机协同运行，通过机场实现无人机正常起降、无人机状态反馈、作业数据的传输、环境及设备本体状态监测等功能。此外，还需考虑部分特殊情况，如无人机非正常降落、数据传输链路中断、电源供给异常等情况，机场中配置应急策略以提升非正常工况下的运行可靠性。提高机场可靠性可采取的措施如下：

（1）优化机械动作机构，在保证动作效率的同时，降低机构复杂度。

（2）采用隔热、风冷、温度补偿、除湿、特殊工艺等措施，设计具备防沙、防尘、防水、抗老化、抗腐蚀等功能，以适应气候、环境的地域差异。

（3）采用冗余设计思路，如电源供给方面，采取多源互补的形式，采用市电、储能电池、光伏发电系统等，保障机场的正常供电。

（4）软件中设置故障诊断程序和修复程序，如设置看门狗定时器。

（5）机场及无人机的软件与硬件之间的匹配。

（6）应急策略的制定，在突发情况下，保证机场及无人机设备的安全。

（7）支持远程方式进行配置的更新，在现有策略无法排除故障的情况下，能够支持机场以远程通信的方式进行配置更新，从而缩短机场的故障维修时间。

5.1.2 智能化提升

目前的机场已具备了信息采集和信息转储的功能，在保证可靠性的基础上，未来将打造智能化机场，扩充机场功能的同时进一步发挥机场的现场应用价值。

（1）机场的前端智能化处理。机场配置边缘智能模块，对接收的数据进行智能分析，包括无人机的巡检图像、无人机的状态、气象数据等。智能机场将实现缺陷图像智能识别，快速辨识巡检目标中的缺陷；同时，融合机场的气象传感数据，开展缺陷与气象信息融合分析，查找缺陷发生的原因，并预测未来缺陷发展趋势；此外，机场可根据智能分析的结果，动态优化无人机的巡检策略，加大对隐患区域巡检力度，保障缺陷得到及时的运维修复。

（2）机场故障的智能诊断。目前的机场故障诊断技术相对缺乏，主要是在机场故障发生后才进行相应的故障分析排查。未来随着机场规模化应用，突发性的故障将严重影响机场的整体运行效率，因此亟须机场具备故障的智能分析及预警功能。如机场根据遮盖打开关闭过程的能耗、时间等参数，分析并判断机械动作机构的健康状态；机场根据运行过程的状态变量对自身的整体运行状态进行评估，并将结果反馈给上层平台。根据机场智能诊断的结果，运维人员可以科学制定运维检修策略，更高效精准地解决机场运行中发生的故障。

（3）打造智能化的机场网络。未来机场将不是一个孤立运行的个体，众多机场将构建成机场网络（机场作为网络节点），为无人机的网格化巡检、"蛙跳"巡检等提供基础支撑。因此，如何维护机场网络成为一个关键技术。当前的机场网络是通过人工配置方式构建，未来的机场智能化将自主维护机场网络，具备分布式网络特点。当其中的一个机场出现故障时，故障机场将自己标记为"孤岛"机场，其他机场更新网络拓扑结构，所有的机场将在新的网络拓扑结构下执行无人机的巡检作业任务："孤岛"机场若还具备电源供给能力，将仅为无人机提供充电功能，无人机在巡检拍摄后，将停落在其他正常机场以完成数据传输；其他机场将调整无人机的巡检作业时间，以预留出时间传输原本需从"孤岛"机场上传的数据。因此，通过机场的网络化协同，实现机场和无人机任务的智能化调度。

5.2 深化无人机机场与无人机的协同融合

为了实现无人机机场与无人机之间的无缝协作，无人机机场集成了机体平台、链路与控制站等部件，成为无人机系统的重要组成部分，从而将无人机与机场之间的联系变得更加紧密。近年来，我国民航局、工信部等主管部门先后发布了低空空中交通管理、无人机生产制造、无人机适航管理、无人机运行管理等规范性文件，并已启动了对无人机设计制造企业的适航审查试点工作。我国现行无人机行业标准主要聚焦于无人机生产制造管理办法、低空空中交通管理、无线电设备、警用无人机、货运无人机等细分领域。由于民用无人机的多样性及多元化的应用场景，目前国内外无人机自动机场尚未形成统一的规格标准。未来无人机与机场之间将在以下方面建立更加紧密的联系及互动关联。

（1）设备更换方面。目前无人机机场已经实现了无人机的电池更换功能，机场具有较充足的硬件和空间资源，可以进一步扩充机场功能，实现与无人机的更密切的互动。如未来机场将进行无人机挂载设备的更换，实现无人机根据不同的任务内容搭载对应的设备，如喷火装置、喊话器、多光谱传感装置等，发挥"一机多能"的效用；更换无人机的本体部件，如桨叶，由于无人机本体部件的损耗，无人机规模化应用后的人工运维成本较高，对于部分易耗部件采用机场直接更换方式，由机场自动对无人机进行定期"保养"。

（2）状态诊断方面。目前的无人机机场与无人机之间主要是进行数据的传输，未来将实现机场与无人机之间状态的互通感知。一方面，机场对无人机的状态进行定期评估诊断，决定无人机的工作时间及运维策略，确保无人机的正常运行；另一方面，无人机也将获取机场的运行状态，尤其是无人机与多机场互联的情况下，无人机将根据机场的状态决定停留在哪个机场。

（3）协同作业方面。无人机和机场之间以自主协同方式，共同响应下发的任务。如在确定巡检任务后，首先由机场分解巡检范围；在确定范围后，机场自动将巡检任务下发给无人机，由无人机执行巡检任务；最后，在无人机完成巡检工作时，再由机场综合确定整个任务的完成情况。因此对于上层使用人员，未来将不用关注在执行任务时具体使用的无人机和机场信息，可以更加关注任务完成情况、现场处置方式等应用层面的需求。

5.3　人机交互方式的优化

人机交互方式一直是无人机研究和应用的焦点之一。在过去的几年中，随着无人机和机场技术的不断进步，对人机交互方式的需求越来越多。在人机交互方面，操作人员需要通过一些控制界面管理和控制无人机机场，同时还需要监视无人机飞行状态，研究图像或视频数据。无人机机场面向的目标用户群体并非专业无人机驾驶员，而是操作员或任务监督员。因此，其发展应当以优异的人机交互性能作为第一要务，具体要求如下：①在无人机端应装设可靠的周边环境探测传感器，能够直观知晓当前执行任务的状态，增强操作人员的情景意识；②应当尽可能简洁用户的操作界面，仅开放适当的操作口，令每次飞行任务操作步骤简短且固定；③预留提供给拥有合格证的熟练超视距无人机驾驶员更多操作空间的通道，以执行一些特殊需求任务；④非专业人士设定飞行路线时，不具备判断航线是否安全、合理的能力，因此需有专业人员配合航线的审查工作；⑤应保证具有良好的紧急情况处置手段。自动机场中无人机经常长时间高负荷运行，并且布站点较远，不利于日常进行检查维护，为防止无人机因自身故障导致失控，造成二次灾害，完备的应急处置策略是必要的。

无人机机场可以提供的人机交互模式主要有以下几种：

（1）手动控制。即使用遥控器或虚拟摇杆等方式进行操作。这种操作模式一般适合在无人机飞行过程中进行实时调整和控制的场合。

（2）外接控制系统。即通过外接其他控制系统，如计算机和控制器来控制无人机飞行。这种模式通过预设命令可以使无人机在较高的飞行高度和速度下进行更准确、更精细的操作，实现自动飞行。

（3）智能化控制。即通过机器学习和人工智能技术建立无人机自主决策和自动控制的算法。这种人机交互方式的未来潜力巨大，能够实现真正的无人化飞行，减少人员的参与和错误可能性。

未来，无人机领域的人机交互方式还会不断发展和优化。例如，虚拟现实和增强现实技术的应用将使操作员在无人机飞行中获得更多更具体、更直观的信息。无人机操作员可以通过佩戴增强现实设备来模拟无人机的操作和监控，从而进行更加高效和准确的控制。同时，手势、声音控制、多机集群控制交互也是潜在人机交互趋势。

首先，手势和声控技术可实现机场人员通过手势或语音指令控制无人机行动。手势和声控技术相对于传统的遥控器和键盘等控制设备更直观、便捷及高效，无人机控制人员只需通过语音描述或进行简单的手部动作就可以实现对无人机的控制和指挥。

其次，虚拟现实和增强现实技术也在逐步应用到无人机机场的人机交互中，给操作者提供身临其境的虚拟仿真环境，帮助操作人员准确、高效地控制无人机。通过虚拟现实技术，操作人员可以模拟不同场景下的无人机控制，了解无人机的运行数据和影响因素，提高无人机操作的实战情境体验和控制效果。增强现实技术则有助于无人机机场维保人员可以实现远程指引、智能化诊断及人员培训，提升维护效率，减少安全隐患。

最后，多机集群控制技术是指同时控制多个无人机。这种技术可以提高无人机飞行的安全和效率，使多个无人机在不同的时刻和位置之间协同合作，提高数据的收集和处理效率，同时通过集群互动模拟实际场景，并在操作端做出决策，提升无人机的全局性能和任务实现率。

综上所述，未来无人机机场在人机交互方面的发展前景是广阔的，将会有更多的新技术应用到其中，以满足在多样化场景下的需要，打破现有无人机的操作局限，增强感知能力和自我控制能力，为无人机的应用提供更为丰富和强大的技术支撑，使得无人机技术在机场应用得到更广泛的发展，从而进一步推动无人机产业的发展。

5.4 互操作性的强化

5.4.1 互操作性简述

无人机自动机场的未来不仅将与无人机高度适配，为了更好地完成巡检作业，机场还将不断增强与无人机、后端平台及其他模块（如定位、电池管理等）之间的互操作性，形成更加完善的一体化运营模式。

这种适配不仅是无人机与机场的适配，更重要的是无人机与特定任务的适配。目前众多自动机场搭载的工业无人机与民用无人机的区别多在于搭载有不同功能载体、续航更长、光电设备更好、避障能力更好，工业无人机应为一种运作模式单调重复、不需过多创作属性的工具，针对特定任务，以更好地实现高效且高度无人化作业为目标进行设计。

目前无人机系统的互操作能力主要集中在报文发送层，实现基于标准的互操作能力。然而，为了实现一种真正的即插即用级互操作能力（即把来自多个销售商的软件能力集成到一个系统，支持对来自其他系统的数据进行交换、解释和利用），就需要实现一种开放式体系架构。

开放式体系架构是指一种具有模块化、可互操作、接口公开发布和遵从开放式标准的系统架构。开放式体系架构具有可扩展、可升级及与其他系统的互操作等特点，可以降低研发成本、解决新技术有效插入问题及保障系统升级扩展等能力。开放式体系架构涉及标准、接口、模块化设计等。

5.4.2 互操作性的几种提升

（1）不同无人机飞行平台之间的互操作性。将开放式体系结构引入到无人机系统是提升无人机系统互操作性的有效方法之一。基于开放式体系结构的系统设计可以根据巡检任务灵活配置无人机系统有效载荷，通过快速增加、减少、改变相关功能模块，打造多任务运行平台。

各个不同平台之间应该能通过标准化接口实现与其他无人机平台的互操作，有效支持跨平台资源共用、信息共享、优势互补，形成体系工作能力，以满足未来对于多线路巡检需求。

（2）无人机机场与无人机之间的互操作性。目前国内有多种不同品牌的无人机机场及各种各样的多旋翼无人机。对于安装在输电铁塔上的无人机机场，这是一个安装过后几乎就不会改变的定量，必须要考虑对这一个机场，各种无人机是否都能适配，是否能为非机场自身品牌无人机提供能源供给。针对这一情况，就体现出无人机机场与无人机之间互操作性的重要性。对于固定尺寸的机场，必须适配尺寸较机场空间小的无人机，并且将各种无人机纳入一个整体控制系统，增加无人机之间的兼容性。使用电池尺寸大小相同的无人机，能够保障无人机机场为不同无人机提供能源补给。

（3）无人机系统与地面操作终端的互操作性。互操作性能力主要由输入模块、任务处置管理模块和输出模块组成。在这之中，输入模块的作用是务必保障通信的安全及有效性，对于输出模块来说，则需要由灵活与人性化的人机界面。要建立一套操作系统能够随时监控无人机机场及无人机的实时状态，比如无人机机场是否空闲、机场内电池舱是否满舱、电池舱内电池电量情况、任务中的无人机电量是否充足、无人机是否按计划完成任务、无人机返航的机场信息等。这些数据应该整合到一个终端，能满足地面工作人员直接操作需求。

（4）无人机系统互操作性标准测试。基于互操作性基本定义，无人机系统互操作性测试验证模式主要包括波形一致性测试、消息符合性测试、系统一致性测试及联合互操作性测试。

1）波形一致性测试主要是依据通信设备规范、传输波形标准等对设备的传输功能性能指标及跨平台传输能力等进行测试验证。

2）消息符合性测试主要是依据消息格式标准、消息处理规则等，验证消息组件正确生成、接收、处理、分发各类消息的能力。

3）系统一致性测试主要是依据平台集成规范等对无人机内部系统进行集成综合，模拟实际任务情况，对系统功能性能进行测试。

4）联合互操作性测试主要是依据多平台互操作规范构建虚拟作业仿真场景，对不同消息功能进行组合运用，验证无人机系统之间及无人机系统与其他系统单元的协同作业能力。

波形一致性测试和消息符合性测试是验证无人机系统内部各组件及其他互联的系统、单元部件是否遵循标准传输体制和通信协议，是互操作性测试的基础。系统一致性测试主要是验证无人机系统内部端到终端的信息交互和综合应用能力，联合互操作性则更侧重于无人机系统之间及与控制系统、不同作业单元间相互提供、接受服务及利用这些服务实现高效协作的能力。

总而言之，随着无人机技术的不断发展、不断成熟，其在民用及商业领域甚至军事领域所充当的角色越来越多，所执行的任务无论是在复杂程度上还是在困难程度上都越来越高。在这种趋势下，未来各种无人机系统之间的互操作性对于无人机的发展必然是越来越重要。

因此，未来的工业无人机系统应当为包含无人机机场的高度集成化设备，无人机设计工作均为工程需求和机场需求服务，完善"远程控制＋网格管理＋智能分析"的数字化决策模式，无人机、无人机自动机场、工程任务三者相辅相成，构成一套无人化运营体系。

5.5 构建共享机场模式

未来还将打造共享机场模式，通过权限管理、任务。机场将提供一个共享的存放、停靠、能量补给平台，可以为治安巡逻、农林普查、应急勘察、快递投运等领域的无人机提供"公共停车场"服务。机场的共享，不仅提高了机场设备的使用效率，同时将帮助无人机以"蛙跳式"拓展飞行半径。不仅如此，在共享机场的资源支撑下，还将催生共享无人机的模式，未来实现多机场、多无人机的共享模式。对使用人员来说，只需要提供无人机的任务需求，即可利用社会化的共享机场和无人机完成飞行作业任务，而无需进行机场建设、无人机采购及相关设备的维护等烦琐耗资的工作，可以最大限度发挥机场和无人机的社会经济效益。跨接多领域的共享机场和无人机如图5-1所示。

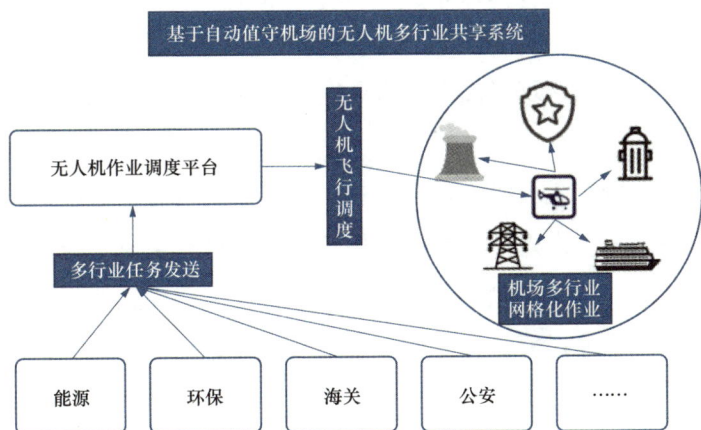

图5-1 跨接多领域的共享机场和无人机

要实现"公共停车场"功能，需要进行以下几个方面的技术攻关：

（1）最优化机场布置算法。为降低投资成本，机场布局时应覆盖尽可能多的用户，并考虑信号衰减、任务密度等多方面影响，所以可将其抽象成非线性最优化布局问题，并通过最优化部署或强化学习求解。

确定机场安置点后，需以机场为中心，对半径5km内的环境进行三维建模，将区域最高的点作为无人机转移航线的安全高度，并收集三维模型作为无人机航线规划时的安全校验模型。

最后平台以机场为核心，向半径5km内的社会用户开放无人机使用资源，提供能源巡检、快递配送、海岛巡查、山火监控等多方面服务。

（2）城镇密集空域调度算法。在复杂的城镇环境中规划出精准、安全、全覆盖的航线是实现在密集空域安全飞行前提，无人机按照提前规划的航线穿梭于城镇内，全流程无需人工干预，误差精度在厘米级别，可有效避免因人为操作失误导致的坠机风险。

但同时城镇区域飞行器保有量大，且高楼、天桥等建筑占用了无人机飞行空域，导致无人机飞行空间狭小，易发生无人机碰撞等安全事故。对此需从地理围栏和空域调度进行作业管控。

地理围栏功能在无人机层面对城镇空域进行了限制级别的划分，包括禁飞区、限高区、授权区、警示区、加强警示区等，平台可根据管制需求对限制进行实时更新（如森林火灾、大型活动等规划临时禁飞区）并规划无人机的绕行路线，同时为了降低航线规划的工作量，在涉及非作业区域飞行时，无人机将提升高度至区域最高点上方并直飞下一个作业区域，实现无规划安全自主飞行。

空域调度是指对无人机进行分区分时调度，其首先对低空球立体空间技术数字化编码划分，实现低空空域网格数字化管理，为密集空域内无人机防撞提供定位基础。其次再融合空管部门、航空公司、无人机运营公司无人机飞行数据，进行避障提醒，提升城市密集空域无人机运行效率。空域分区算法如图5-2所示。

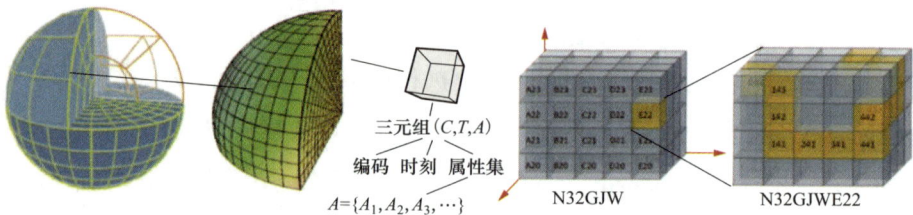

图5-2　空域分区算法

同时调度机构融合空管部门、航空公司、无人机运营公司航空器数据，促进空域融合，提升城市密集空域无人机运行效率。

（3）航线安全校验算法。为了提升无人机作业的安全性，通过采集无人机机场环境的三维点云数据，采用虚实结合技术实时校验无人机飞行坐标和环境三维点云的最短距离，确保作业过程中无人机与周遭环境不会发生碰撞。同时针对不同的巡检需求应提供航线自动巡检和远程手动控制两种控制策略。自动巡检模式为主推模式，要求用户预先采集飞行航线，作业过程中无人机依赖航线实现全自主飞行，全程无人工干预；远程手动控制作为巡检备选方案，用户可在应急条件下远程操控无人机执行巡检作业，控制方式较为灵活，但对飞手水平有着较高要求。

附录A
无人机机场交互接口

A.1 用户登录

无人机机场用户登录接口见表A.1。

表 A.1　无人机机场用户登录接口

说明	获取用户令牌		
接口 URL	/login		
	参数	类型	说明
输入	loginName	string	登录名
	password	string	密码
	random	string	随机数
	timestamp	string	当前时间的毫秒时间戳
输出	code	string	状态码
	msg	string	提示内容
	token	string	用户令牌

A.2 获取任务

无人机机场获取任务接口见表A.2。

表 A.2　无人机机场获取任务接口

说明	获取网格化任务		
接口 URL	/task		
	参数	类型	说明
请求头	token	string	用户令牌
输入	random	string	随机数
	timestamp	string	当前时间的毫秒时间戳
	code	string	状态码
	msg	string	提示内容
	data	object	网格化任务信息对象
	taskId	string	任务 ID
	taskName	string	任务名称
	taskCode	string	任务编号
	inspCateId	string	任务类型 ID
输出	inspCateName	string	巡检类型名称
	lineId	string	巡检记录 ID
	waylineFile	MultipartFile	航线文件
	deviceName	string	设备名称
	startTime	string	任务开始时间
	endTime	string	任务结束时间
	status	string	任务状态
	remark	string	备注
	taskPlanId	string	关联的计划 ID

A.3　更新任务状态

无人机机场更新任务状态接口见表A.3。

表 A.3 无人机机场更新任务状态接口

说明	修改更新任务状态		
接口URL	/updateTaskStatus		
	参数	类型	说明
请求头	token	string	用户令牌
输入	taskId	string	任务ID
	lineId	string	巡检记录ID
	status	string	待修改任务状态值
	executorId	string	执行机场ID
	executorName	string	执行机场名称
	random	string	随机数
	timestamp	string	当前时间的毫秒时间戳
输出	code	string	状态码
	msg	string	提示内容

A.4　上传无人机位置

无人机机场更新任务状态接口见表A.4。

表 A.4 无人机机场更新任务状态接口

说明	上传无人机实时位置		
接口URL	/uploadRealTimeLocation		
	参数	类型	说明
请求头	token	string	用户令牌
输入	dataType	string	数据类型
	longitude	string	经度

说明	上传无人机实时位置		
	latitude	string	纬度
	time	string	时间，当前时间
	companyId	string	所属公司
	uavSn	string	设备序列号
	uavMode	string	设备型号
	battery	string	电池电量
	taskId	string	关联的任务 ID
输入	uavId	string	无人机 ID
	flightAltitude	string	飞行高度
	distance	string	距起飞点距离
	verticalSpeed	string	垂直飞行速度
	horizontalSpeed	string	水平飞行速度
	flightStartTime	string	飞行开始时间
	random	string	随机数
	timestamp	string	当前时间的毫秒时间戳
输出	code	string	状态码
	msg	string	提示内容

A.5 成果上报接口

无人机机场成果上报接口见表 A.5。

表 A.5 无人机机场成果上报接口

说明	上传成果照片接口		
接口 URL	/uploadTaskTowerImg		
	参数	类型	说明
请求头	token	string	用户令牌

续表

说明	上传成果照片接口		
输入	name	string	成果照片名称
	taskId	string	任务 ID
	recordId	string	巡检记录 ID
	file	MultipartFile	成果照片文件
	random	string	随机数
	timestamp	string	当前时间的毫秒时间戳
输出	code	string	状态码
	msg	string	提示内容

A.6 成果视频接口

无人机机场成果视频接口见表 A.6。

表 A.6 无人机机场成果视频接口

说明	上传成果照片接口		
接口 URL	/uploadTaskTowerImg		
	参数	类型	说明
请求头	token	string	用户令牌
输入	name	string	成果照片名称
	taskId	string	任务 ID
	recordId	string	巡检记录 ID
	videoAddr	string	视频流地址
	random	string	随机数
	timestamp	string	当前时间的毫秒时间戳
输出	code	string	状态码
	msg	string	提示内容

附录B
无人机固定机场技术要求

B.1　总则

（1）确保无人机固定机场质量满足要求，实现无人机固定机场科学、高效、有序建设及应用，推进电网运维模式转型升级。

（2）根据配套无人机尺寸、安全测控距离、有效覆盖半径、挂载拓展及电能补给方式等差异，将机场分为小型无人机固定机场、中型无人机固定机场及大型无人机固定机场三种类型。

（3）本技术要求适用于无人机固定机场巡检系统的功能设计、结构、性能、安装、调试等方面。

B.2　技术要求

B.2.1　无人机固定机场巡检系统组成

无人机固定机场巡检系统应由无人机固定机场本体、无人机和无人机挂载组成，其中无人机固定机场本体主要由主控模块、电气模块、通信模块、监测模块、定位模块、机械结构、起降平台等系统组成。

B.2.2　无人机固定机场巡检系统技术要求

各类型无人机固定机场需满足相关性能指标，主要技术参数要求见表B.1。

具体技术参数要求及说明如下：

B.2.2.1　外观结构要求

（1）固定机场应具备顶/侧门开合装置，打开方式可包括平移式、开舱式、抽屉式、侧开式等，停机坪的传动方式可包括气动式、电动式等。

表 B.1 固定机场系统主要技术参数

类别		小型无人机固定机场本体	中型无人机固定机场本体	大型无人机固定机场本体
外观结构	闭合状态尺寸（m）	≤1.2×1.2×1.2	≤1.6×1.6×1.6	≤3×2.2×2
	质量（kg）	≤130	≤900	≤2000
	防护等级	IP55		
供电要求	机场功率(W)	待机≤120,峰值≤1500	待机≤300,峰值≤4500	待机≤500,峰值≤6000
	支持交流或直流供电	交流：电压220V±10%，频率50Hz±2%；直流：电压≤48V，纹波≤200mVP–P		
环境要求	工作环境温度、湿度	–20～50℃，45%～60%		
	内部控温范围（℃）	0~35		
通信功能	通信方式	支持RJ45/OPGW/4G/5G		
	全向传输距离（km）	≥6	≥8	≥15
	传输及时性	机场与无人机间测控数据传输时延≤100ms，误码率≤10^{-6}，影像传输时延不大于500ms		
		机场和后台延时以及无人机远程操控延时要求延迟≤300～400ms，上下行有效带宽≥100Mbps		
定位功能	定位方式	支持网络基站与自建基站的能力，兼容GPS、北斗等定位方式，默认以北斗定位为优先		
	定位数据实时分析	实时纠偏，偏差＞1m时可偏差告警，并具备安全策略。断网环境下，固定机场宜具备精度保持功能，时间≤10min		
	统一授时	支撑远程统一授时功能		
其他要求	人工智能计算	支持		支持且端侧AI算力≥10Tops
降落控制	降落可靠性	在瞬时风速≤10m/s情况下，机场控制无人机至少连续30次降落成功		
	备降与复降	支持RTK+视觉、无人机自主精准降落误差≤20cm		

续表

类别		小型无人机固定机场本体	中型无人机固定机场本体	大型无人机固定机场本体
电池管理	应急电源	支持断电保护，UPS维持机场稳定运行时间提供不少于最长有效飞行作业时间的续航时间		
	自动充电	无人机降落后进入自动充电模式时间应≤10min，单次充电从10%～90%时间应不大于2倍有效飞行续航时间		
	电池健康监控	实时监控电池温度、循环次数，对电池定期充放电，并根据电池健康状态发出告警		
	无人机挂载	1个双光云台相机	1个双光云台相机、1个喊话模块，可扩展选配激光雷达	1个可见光吊舱、1个高清红外吊舱和1个喊话模块，可扩展选配双光吊舱、激光雷达吊舱、全画幅吊舱、照明，辅助电力检修检测吊舱等模块
	任务规划	单航次可设置航点数量≤100个	单航次可设置航点数量≤300个	单航次可设置航点数量≤500个

（2）固定机场应具备控制常规机电动作的实体按钮或触控屏，至少具备打开机场、关闭机场、复位、远程/本地控制、急停按钮。

（3）固定机场应单点良好接地，配备防雷及漏电保护装置，具备故障检修口，在出现电气或机械故障时可手动开展检修作业。

B.2.2.2 无人机电能补给

（1）中型无人机换电型固定机场电能补充系统应具备自动更换电池功能。固定机场标配电池舱位4组，可定制选配，自动换电时长不大于5min，电池更换应能满足至少连续30次更换无故障。

（2）大型无人机固定机场应具备自动更换电池功能。固定机场标配电池舱位4组，可定制选配，自动更换电池时长不大于3min，电池更换应能满足至少连续30次更换无故障。

（3）大型无人机固定机场根据需求可支持氢能等新能源充电方式。

B.2.2.3 通信功能

（1）固定机场内、外部均应安装视频监控设备，且远程控制端能够实时查看。

（2）固定机场应具备影像实时传输、无人机平台和任务设备的测控数据上传和下载功能。

（3）固定机场宜同时具备地面遥控器图数传链路控制和4G/5G等无线直接通信控制的功能。

B.2.2.4 环境感知功能

（1）固定机场应装设小型气象检测装置，宜包含风速、风向、环境温湿度、降雨感知等气象信息检测。应装设可见光监控摄像头，可监控机场内外部环境状态。

（2）固定机场应具备自动探测报警功能、消防告警功能和自动灭火功能，需配备外置消防设备。

B.2.2.5 应急功能

（1）固定机场应具备失控保护策略，应包含触发失控告警、无人机自动返航、悬停和就地降落等功能保护策略与返航航点、速度等参数可预先设置。

（2）固定机场应具备无人机低电量自动返航功能，当无人机电量低于阈值时触发低电量告警与无人机自动返航。自动返航启动前提供不少于5s的确认时间，确认期间可取消自动返航并保持原地悬停等待下一步指令，默认状态为倒计时结束启动自动返航。

（3）固定机场应在本体或无人机设备故障、电源中断、网络中断、气候异常时自动或手动触发终止任务，已派出无人机应自动返航或悬停，机场不再执行新的任务，直至异常解除。

（4）固定机场应具备复降及备降点设置功能，无人机降落异常时可告警并降落至备降点。宜具备多备降点设置、远程复降、就地手动降落等功能。

B.2.2.6 自检功能

（1）固定机场应具备自检功能，自检项目至少包括动力电池电压、遥测遥控和导航定位功能。以上任一项不满足要求时，均能在地面站发出报警提示，并限制任务执行。同时具备根据报警提示直接确定故障部位或原因的功能，一般性故障问题应能远程复位处置。

（2）固定机场应具备一键复位功能，包括机场开始动作后恢复待命状态、机场长时间未运行进行远程复位等。

B.2.2.7 飞行作业

（1）固定机场应具有远程手动、就地手动控制和全自主模式，三种控制模式可相互切换。

（2）固定机场应具备远程手动控制无人机飞行的功能，包括操纵无人机悬停、前/后/左/右移动、上升/下降、左/右旋转等功能。

（3）固定机场应具备远程手动控制无人机云台的功能，包括变焦、拍照、录像等功能。

（4）固定机场应具备对固定机场固件远程升级的功能。

（5）固定机场应具备一键返航功能。在手动启动该功能后，无人机应立即终止当前任务并返航。返航航点、速度等参数可预先设置，可支持设置的航点个数不少于10个，相邻航点空间距离最小可达到1m。

（6）固定机场应具备链路中断返航功能。在等待时间内具备后台告警推送功能。若通信信号恢复，无人机可继续执行任务，否则按预设航线返航。返航航点、速度等参数可预先设置，可支持设置的航点个数不少于10个。配套无人机宜支持视觉辅助定位功能。

（7）固定机场应具备飞行区域限制功能。可设置允许无人机飞行的区域范围，在航线规划时，可对超出范围的飞行航线发出报警提示；在飞行过程中，当无人机接近限飞区域或禁飞区域或飞出限定范围时可在地面站或遥控手柄上发出报警提示，且有防止飞越措施。

（8）固定机场应具备低电压报警功能。在飞行过程中，当电池电压低于预设告警电压时，系统报警提示，并立即终止当前任务按原路径返航、上升返航或安全点返航。宜具备视觉辅助返航功能。返航宜具备降落最近点机场的能力。

（9）固定机场应具备环境感知功能。系统实时检测自动机场周围气象状态，天气异常时，禁止执行任务或取消任务并返航，以确保安全飞行。

（10）固定机场应具备断点续飞功能。无人机在巡检过程中，因异常情况中断任务并返航后，可重新起飞，从断点继续执行巡检任务。

（11）巡检系统应具备预判航线电量的功能，根据航线长度智能判断起飞电量是否满足飞行要求，可自定义设置起飞电量限制。

（12）固定机场可通过异地起降技术，使得无人机无需飞回原来的起飞点，实现无人机A地机场起飞，B地机场降落补给能源及数据上传，充分发挥无人机的巡检性能。无人机可脱离机场飞行，异地起降巡航距离不小于7km。无人机脱离机场飞行可保持实时RTK高精度定位，支持无人机状态数据/图像数据通过4G/5G实时回传。支持一机多巢模式，实现无人机在巡检任务中降落到另一机场进行电能补给及数据传输，支持多无人机多机场联动作业模式。

B.2.2.8 起降平台

（1）无人机降落失败时，自动降落在围栏区域内预设的备降点并具备复降功能。降落异常时，应具备告警功能。备降点降落偏差水平方向不大于1.5m。降落至备降点后，在电量允许的情况下，可返回机场降落。

（2）固定机场硬件设备由降落归中装置与无人机回收模块组成，分别负责无人机降落后将无人机归位到机场中心、将无人机回收至机场箱体内。

B.2.2.9 兼容性

（1）固定机场巡检系统宜兼容至少两种不同厂商主流机型。

（2）中大型固定机场巡检系统应具备向下兼容能力，并在使用寿命内应兼容同厂商无人机机型，支持充电、通信控制等全部功能。

（3）固定机场巡检系统充电装置及通信系统可通过更换或调整的方式，宜支持至少两种主流无人机电池的充电、通信和控制方式。

（4）固定机场巡检系统软件接口应满足平台的接口要求，具备按统一接口协议接入条件，具体接口要求见第六章。接口的种类包括但不少于第六章要求，具体接口内容根据部署的平台要求另行规定。

（5）固定机场应具备一键重置与复位、数据远程下载（可回传高清照片、视频和三维激光雷达的原始数据文件）及硬急停、软急停等紧急制动功能。

（6）特殊性兼容要求：

1）支持更换电池及更换吊舱功能的固定机场，自动换电和更换吊舱应满足至少连续30次更换无故障。

2）固定机场适配用于可见光、红外、激光点云巡检或扫描的多旋翼无人机，应具备自动更换无人机吊舱和电池功能，固定机场标配吊舱舱位4组，可定制选配，自动更换吊舱时长不大于3min。

B.2.2.10　抗电磁干扰能力

（1）试验结果等级划分。试验结果根据试验样品的功能丧失或性能降低程度分为A、B、C、D四个等级。

（2）试验样品功能丧失或性能降低包括：①测控信号传输中断或丢失；②固定机场对操控信号无响应或控制性能降低；③影像传输中断或出现迟滞、马赛克、雪花、条纹、重影等现象；④配套无人机对操控信号无响应或控制性能降低；⑤其他功能的丧失或性能的降低。

（3）A、B、C、D四个等级划分标准为：①A级：各项功能和性能正常。②B级：未出现①和②中所列现象。出现③、④和⑤中任意现象，且干扰停止后可在2min（含内自行恢复，无需操作人员干预）。③C级：未出现①和②中所列现象。出现③、④和⑤中任意现象，且干扰停止2min后仍不能自行恢复，在操作人员对其进行复位或重新启动操作后可恢复。④D级：出现①和②中任意现象；或未出现①和②中所列现象，但出现③、④和⑤中任意现象，且因硬件或软件损坏、数据丢失等原因不能恢复。

（4）静电放电抗扰度。按照DL/T 1578《无人机巡检系统》中第6章规定的静电放电抗扰度试验要求进行试验，试验结果不低于A级。

（5）射频电磁场辐射抗扰度。按照DL/T 1578中第6章规定的射频电磁场辐射抗扰度试验要求进行试验，试验结果不低于B级。

（6）工频磁场抗扰度。按照DL/T 1578中第6章规定的工频磁场抗扰度试验要求进行试验，试验结果不低于A级。

B.2.2.11　信息安全

（1）机场应满足GB/T 22239中规定的第三级物联网安全扩展要求以及国

网公司相关信息安全要求。

（2）机场通信网络中若采用无线通信，通信设施应具备身份鉴别、信道加密等安全措施，防止数据在通信过程中被窃听、截获和篡改。

（3）机场主控模块对机场采集的视频、图像及状态等信息，应按照业务角色不同，设置严格的访问权限，并具有登录用户身份标识和鉴别能力。

B.2.2.12　检测要求

机场应具备由具有CNAS或CMA资质检测机构或第三方权威机构出具的完整的全套固定机场（含固定机场本体和配套无人机）试验检测报告。其中，固定机场本体试验检测项目应包含固定机场本体的电能补给功能、飞行作业、应急功能等试验项目，且依据《电力无人机固定机场技术规范》（报批稿）开展；配套无人机试验检测项目应包含配套无人机的高海拔适应性能、最大可承受风速、悬停精度、自动避障等试验项目，且依据DL/T 1578—2021标准获得CNAS或CMA认可。

B.2.3　无人机固定机场巡检系统无人机技术要求

B.2.3.1　无人机技术参数要求

对于通用机型应具有三年内CNAS或权威第三方认证的检测报告（要求同"2.2.12"中配套无人机试验检测项目所述），如配套无人机结构或机电部件存在改造的，应按DL/T 1578标准重新进行检测并提交检测报告。各类型固定机场无人机主要技术参数详见表B.2。

表 B.2　各类型固定机场无人机主要技术参数

项目	小型无人机固定机场无人机	中型无人机固定机场无人机	大型无人机固定机场无人机
对称电机轴距（mm）	轴距≤700	700≤轴距≤900	≥900
可负载质量（kg）	≥1.5		≥3
最大上升速度（m/s）	≥5		

续表

项目	小型无人机 固定机场无人机	中型无人机 固定机场无人机	大型无人机 固定机场无人机
最大下降速 度（m/s）	≥3	≥4	
最大水平飞 行速度（m/s）	≥15	≥23	≥25
最大飞行海 拔（m）	5000		
最大可承受 风速（m/s）	≥10	≥15	
最长悬停时 间（min）	≥30	≥40	≥60
工作环境温 度（℃）	−20～50		
防护等级	IP54		
实时图传	≥720p@30fps （画面分辨率为1280×720，画面流畅度为 每秒30帧）		≥1080p@30fps（画面分 辨率为1920×1080，画面 流畅度为每秒30帧）
可清晰分辨 1.4mm影像目 标的拍摄距离	不小于10m处		不小于20m处
人工智能	无人机应具备人工智能计算能力，能够自主引导双光云台相机识别关键 电力部件进行对焦、测光、拍照		
数据采集	无人机应具备自主数据采集能力，包括自主拍照、自主视频录像等		
无人机与机 场之间图传延 时（ms）	≤300		
悬停精度	垂直：±0.1m（RTK正常工作时）、±0.1m（视觉定位正常工作时）、 ±0.5m（GNSS正常工作时） 水平：±0.1m（RTK正常工作时）、±0.3m（视觉定位正常工作时）、 ±1.5m（GNSS正常工作时）		

项目	小型无人机 固定机场无人机	中型无人机 固定机场无人机	大型无人机 固定机场无人机
转动性能	至少具备水平和俯仰两个方向的转动性能，各方向转动最大角速度≥30°/s；俯仰转动范围至少为–90°~+30°，稳像精度≥±0.01°		
固件升级	无人机应具备远程固件升级的功能		
自主避障	自主避障功能，能感知巡检路径上距离不大于5m的直径22mm及以上导线障碍物，报警距离≥2m，具备悬停、报警等功能		
材料	机身/机架及桨叶宜采用绝缘材料		
航行灯	机身上应有航行灯，航行灯发光强度不应小于30cd，机头机尾应有明显标识予以区别		
卫星定位	宜兼容GPS、北斗等定位方式，默认以北斗定位为优先，并可设置单北斗模式。宜具备RTK精度保持功能，时间不低于10min		

B.2.3.2　无人机环境适应性要求

应符合DL/T 1578无人机相关技术要求。

B.2.3.3　无人机抗电磁干扰性能要求

应符合DL/T 1578无人机相关技术要求。

B.2.4　无人机挂载性能要求

B.2.4.1　可见光相机

各类型无人机固定机场可见光相机技术参数见表B.3。

表 B.3　各类型无人机固定机场可见光相机技术参数

序号	指标名称	小型无人机 固定机场	中型无人机 固定机场	大型无人机 固定机场
1	有效像素数	≥2000万		感光元件尺寸≥1in，≥2000万
2	实时图传质量	≥720p@30fps （画面分辨率为1280×720，画面流畅度为每秒30帧）		视频实时分辨率FHD1920×1080（全高清）25fps

序号	指标名称	小型无人机固定机场	中型无人机固定机场	大型无人机固定机场
3	防护等级	≥IP44		
4	光学变焦	支持	16倍	≥25倍，光电混合变焦≥50倍
5	自动对焦	支持		
6	1.4mm销钉级目标拍摄能力	≥10m处拍摄的影像可清晰分辨		≥20m处拍摄的影像可清晰分辨

B.2.4.2　红外热像仪

各类型无人机固定机场红外热像仪挂载参数见表B.4。

表 B.4　各类型无人机固定机场红外热像仪挂载参数

序号	项目	小型无人机固定机场	中型无人机固定机场	大型无人机固定机场
1	分辨率	≥640×480		
2	云台角抖动量	≤±0.01°		
3	防护等级	≥IP44		
4	自动对焦	支持		
5	测温范围（℃）	≥-20~+150		
6	精度	≥±2℃或测量值乘以±2%（取绝对值小者）		
7	工作环境温度（℃）	-20~+50		
8	热灵敏度	环境温度23℃±5℃、相对孔径为1时，热灵敏度≥0.05K		
9	热敏目标识别能力	在距离不小于10m处拍摄的影像可清晰识别故障发热点，影像为伪彩显示，具备热图数据，可实时显示影像中温度最高点位置及温度值		

B.2.4.3　激光雷达

激光雷达挂载技术参数见表B.5。

表 B.5　激光雷达挂载技术参数

序号	指标分类	参数	规格
1	外形	尺寸（mm）	≤220×250×280
2		质量（g）	≤1500
3	激光雷达	扫描测程	≥200m@80%（激光雷达发射光束到200m的距离可以看清最低80%光线反射率的物体）
4		激光发射器数（线）	≥16
5		激光回波数	双回波
6		角度分辨率（°）	≤0.03
7		精度	≤5cm
8		发射频率	640kHz
9		IMU更新率	≥200Hz
10		扫描速率	≥72万点/s
11		点密度	>200点/m²
12	数据读取	支持存储卡类型	支持128GB存储卡
13	数据处理	点云自动分割	支持点云自动分割
14	云台	自动更换	（1）支持自动更换。（2）在固定机场自动更换吊舱时长≤3min
15	软件		轨迹生成软件、点云预处理软件、输电线路巡检处理软件、点云后处理软件

B.2.4.4　喊话器

喊话器挂载技术参数见表B.6。

表 B.6　喊话器挂载技术参数

序号	指标分类	参数	规格
1	外观	尺寸（mm）	≤200×150×150（不含天线）
2		材质	ABS塑料外壳
3	语音广播终端	机载质量（g）	≤1000（包含天线以及安装结构件）
4		工作温度（℃）	−20~50

续表

序号	指标分类	参数	规格
5		广播模式	实时喊话、音频广播、声卡广播等模式
6		传声距离（m）	≥150
7		输出音量	≥130dB@10cm（10cm处扬声器的输出音量大于等于130dB）
8	语音广播终端	网络制式	4G
9		通信频率	LTEFDD:B1/B3/B5/B8；LTETDD:B38/B39/B40/B41
10		工作电流	静态电流0.08A
11		供电范围	DC 12～24V
12		音频接口	USB
13		适用系统	Windows XP/7/8/10，MacOS
14	喊话麦克风	信噪比	≥70dB（1kW）
15		灵敏度	−47±3dB，360°灵敏拾音
16		频率	50Hz～17kHz

B.3　技术资料及培训要求

B.3.1　技术资料要求

机场应具有完整的产品文档。要求的文档类型至少包括：

（1）技术手册、用户手册和维护手册。

（2）现场验收计划以及大纲。

（3）出厂检验合格证书和现场验收报告。

（4）具有CNAS或CMA资质检测机构或第三方权威机构出具的完整的全套固定机场（含固定机场本体和配套无人机）试验检测报告。

（5）故障处理手册。

B.3.2　技术培训要求

供应商应提供技术培训工作，并结合成套设备安装、调试、试运行直至最终验收等各阶段，同步地对指定的被培训人员就有关设备使用操作、保养等方面进行现场技术培训，使受训人员能熟练独立操作。

B.4　验收及其他要求

B.4.1　包装运输要求

B.4.1.1　无人机固定机场巡检系统包装运输要求

（1）包装应牢固，美观和经济，结构合理，紧凑，防护可靠。

（2）设备在储运状态下，能承受运输和储存中所遇到的加速度、冲击、振动和淋雨，设备包装环境及包装箱内应清洁，干燥，无有害气体，无异物。

（3）设备包装后，其包装件重心尽量靠下且居中，必须予以支撑，垫平，卡紧，并加以固定。

B.4.1.2　无人机设备包装运输要求

设备包装箱必须密闭坚固，适用于陆、空运输和整体吊装。有良好的防潮、防震、防锈和防野蛮装卸的保护措施，以确保货物安全运抵用户现场。运抵用户现场时，设备外部必须保持完好无损。货物由供需双方的人员共同开箱检查确认，供应商承诺对其包装或其保护措施不妥引起的货物锈蚀、缺失和损坏负责。

B.4.2　交货要求

供应商应按照合同和采购需求中规定的到货时间和地点完成所有设备的到货及设备检验/检测工作，应随同设备提供出厂检验报告、产品质量合格证，结果必须符合验收标准的要求。

B.4.3　安装调试及验收要求

（1）安装方案。

1）机场部署。机场应安装在平整地面，并对地面水泥硬化，防止沉降，应根据设计要求，施工一个方形混凝土平台，应采用C25级以上混凝土，应铺设钢筋，混凝土厚度应大于15cm，混凝土施工后应进行至少10天的养护。夏季施工的混凝土应采取保湿措施。所有线缆应暗装，美观，不得裸露与路面，引起牵绊，所有强、弱电的线缆必须穿镀锌钢管，若穿过道路的必须深挖距离路面60cm以上，用于机场部署。

2）网络与电气布置。供电电缆采用应使用不小于4mm²的电缆，敷设方式应采用地下10cm套管敷设，在平台施工时，应预先穿好供电电缆。

网线应采用6类网线，入地并通过管道敷设至指挥中心。野外采用无线部署方式。

强电与弱电应单独使用管道进行敷设，两者管道之间距离应大于10cm，避免信号干扰。

3）场地安全防护。机场周边应设置醒目隔离标志，确保起降过程的环境隔离。需要对机场周边进行防护栏建设，以防止车辆意外碰撞或起降阶段有人干扰无人机起降，造成机库硬件的损坏。

（2）接入方案。机场应支持开放MQTT或HTTPS协议及各项API接口。主控模块应用程序编程接口应采用通用编程语言及数据格式，应兼容PMS设备资产精益管理系统。

供应商应具备设备接入的二次开发能力，并配合机场使用单位进行设备系统接入的开发和调试工作。

（3）供应商向机场使用单位提供固定机场安装资料，包括设备的外形尺寸和水、电、气等外部安装条件要求、安装图纸及特殊安装要求（如有）等。

（4）供应商在接到机场使用单位通知后三天内派人到现场与机场使用单位共同进行开箱验收，供应商应向机场使用单位出具设备的出厂测试报告及合格证书等，发送的货物与装箱单相符无误。在最终用户现场开箱验收还应达到如下要求后，双方签字认可。

1）所有设备的外观、喷漆、电缆的外壳和接头完好，铭牌正确。

2）所有设备的附件、备件必须完整、齐全，标识清楚。

3）所有的设备资料必须完整。包括现场准备和安装说明书、操作维护手册、订货单规定的所有供货项目的详细清单、合格证书、安全证书、出厂验收测试报告等。

（5）供应商应在规定的时间到现场根据调试方案完成设备安装、部署以及调试工作，各项指标符合技术参数要求并出具调试报告。安装、调试所需相关物品、人力以及搬运工具均由供应商提供。

（6）供应商需提供不少于2000个航点三维航线规划并由专业飞手对三维航线规划软件规划的航线进行现场试飞复测，以保障作业安全，最终提交具有高精度地理坐标，安全、高效的无人机电力巡检航线。

（7）供应商应对设备配置的完整性和配套性负责（包括辅助设备），保证设备的正常使用。

（8）性能验收：设备安装、调试完成后，供机场使用单位根据双方确认后的产品验收标准要求共同开展验收工作，设备的验收必须满足以下条件：

1）设备的各项指标必须满足设备出厂规定的技术指标。

2）设备现场安装、调试后，各项技术指标必须能满足本协议条款所规定的内容。

（9）方法验收：该设备应能满足相应方法标准中对设备的要求，满足标准中规定的测量范围和精度。

B.5 质量保证及技术服务要求

B.5.1 质量保证期要求

（1）服务期限：质量保证期自设备验收合格起机场本体（不含无人机）3年、无人机1年，其中主要部件和技术要求双方可另行约定。

（2）小型无人机固定机场巡检系统中在正常维保状态下，机场本体质保服务不低于3年，无人机设备质保服务不低于1年。

（3）供应商应负责机场使用单位人员熟练掌握机场的操控以及必要的维保技能；技术支持：向机场使用单位配套提供现场技术支持（每套小型无人机固定机场巡检系统完成不多于2轮次、累计飞行不少于8架次的实际巡检任务）以及质保期内（每季度不少于一次）现场维修保养服务。

（4）在质量保证期内因产品质量不良而发生损坏或不能正常运行时，供应商应免费为用户修理或更换。

（5）在质保期内，供应商应负责小型无人机固定机场巡检系统的维修保养工作，如出现非用户原因导致的损坏，供应商应负责无偿修复。

（6）在质保期内，供应商须根据机场使用单位要求提供足够数量的备品备件和维护工具，在规定时间内完成维修工作，确保巡检系统能正常使用。

（7）在供货第一年内，供应商应承诺提供的装备均具备保险公司产品责任险的承保效力。

（8）质量保证期内的技术支持及售后服务内容应包括但不限于下述内容：升级服务、定期巡检、性能调优、故障排除和故障排除所需的备件更换（含备件本身）、重要变更、远程技术支持以及现场技术支持等。

（9）发生故障时，机场使用单位可要求供应商现场提供服务，供应商必须48h内到达现场。

（10）在质量保质期内更换的任何零配件，必须是其原产品厂家生产或是经其认可的。所有的替代零配件必须是新的未使用和未经修复的，除非机场使用单位提出书面许可，不可使用其他替代配件。如果由于维修服务失误或产品故障造成机场使用单位损失，除承担赔偿外，还要提供处理办法。

（11）在质量保证期内，供应商必须提供7×24h的电话支持和现场支持及提供7×24h的电子邮件服务。

（12）系统运行过程中如果出现技术故障（如硬件故障、软件故障、配置丢失等）或与其他设备发生冲突，供应商应保证对机场使用单位提供4h内解决此类问题的紧急预定方案，以恢复故障，使系统得以正常进行。

（13）供应商应根据机场使用单位提出的要求，提供详细的产品安装及操作使用手册，并应提供产品安装及操作技术人员的讲解与演示。

（14）供应商应将小型无人机固定机场巡检系统最新的技术信息、资料及时主动提供给机场使用单位。

B.5.2 技术更新/升级服务要求

设备正式运行后，根据现场实际运行要求，供应商提供软件和系统升级服务，并将新发布软件更新/升级在一周内提供给机场使用单位，到现场给予支持，保证小型无人机固定机场的最新功能和性能要求。

B.6 固定机场巡检系统接口

固定机场巡检系统接口种类见表B.7。

表 B.7　固定机场巡检系统接口种类

类别	一级接口	二级接口
用户管理	用户管理	登录
		登出
		用户列表
		新增用户
		修改密码
		删除用户
设备管理	设备列表查询	查询所有无人机列表
		查询所有机场列表
	设备信息查询	查询单个机场信息
		查询多个机场信息
		查询单个无人机信息
		查询多个无人机信息
		获取RTK账号信息
	更新设备信息	更新机场信息
		更新飞机信息
		更新载荷信息

续表

类别	一级接口	二级接口
设备管理	删除设备	删除机场信息
		删除飞机信息
		删除载荷信息
	设备绑定	机库/无人机绑定管理
		设备/组织绑定管理
	获取电池状态	机库电池状态
		飞机电池状态
		飞机电池剩余电量
		飞机电池剩余可飞行时间
	获取机场状态	获取机场备降点信息
		获取机场温度 获取机场湿度 获取机场气象
	获取飞机状态	获取飞机的状态（机舱内、充电、起飞、待机状态）
	获取异常状态	获取机场异常状态 获取飞机异常状态
航线	航线查询	查询航线列表
		查询航线详情
	航线编辑	写入/导入航线
		新建航线
		删除航线
		设置默认航线
		编辑航线
		导出航线
		航线按标签分组

续表

类别	一级接口	二级接口
任务	任务查询	查询所有任务列表
		查询单个任务列表
		获取任务详情
		根据任务类型查询(精细化/通道)
		查询定时任务列表 （机场要具备任务智能规划能力，当多任务下发时有策略地 编排执行顺序，要具备编排好的任务列表返回）
	任务管理	新增任务(包括定时任务)
		删除任务(包括定时任务)
		修改任务(包括定时任务)
		下载任务(包括定时任务)
		更换载荷
		更换电池（仅限中大型）
	任务控制	启动任务
		暂停任务
		继续任务
		终止任务
		一键返航
飞行历史	飞行历史	查询飞行历史汇总统计
		查询飞行历史按天统计
		查询历史飞行记录
		查询飞行记录图片
		查询无人机历史遥测
		查询设备历史日志
		按天统计设备故障
		导出飞行记录

续表

类别	一级接口	二级接口
飞行历史	飞行历史	飞行批次清单
		根据批次号获取无人机飞行相关信息
		无人机任务概要查询
		无人机详细数据查询
		无人机最新数据查询
		机场最新数据查询
		机场历史数据查询
		根据序列号获取飞机遥测数据
日志	日志管理	查询历史数据
		下载历史数据
媒体文件	媒体文件	获取文件列表
		查询图片
		查询视频
		下载图片数据
		下载视频数据
		上传图片数据
		上传视频数据
		获取机场内外部的视频/图像
		激光雷达数据上传/下载（仅限大型）
		喊话器数据上传/下载（仅限大型）

类别	一级接口	二级接口
设备控制	机场控制	开启无人机
		关闭无人机
		开启机场舱门
		关闭机场舱门
		复位机场
		开启机场照明灯
		关闭机场照明灯
		开启机场电池充电
		关闭机场电池充电
		更换无人机电池
		更换无人机载荷
		机场存储数据格式化
	无人机控制	起飞
		返航
		悬停
		降落
		向前
		向后
		向左
		向右
		上升
		下降
		左转
		右转
		复降指令

续表

类别	一级接口	二级接口
设备控制	通信模式控制	自动切换
		手动切换图传专有链路
		手动切换无线链路(4G/5G)
		手动切换配置双链路冗余
	吊舱/云台手动控制	角度调整(前/后/左/右/上/下/回中)
		变焦
		对焦
		拍照
		开始录像
		停止录像
		SD卡格式化
图传接口	机场自检	机场状态自检
		起飞条件自检
	无人机视频	获取无人机视频流
		配置无人机推流参数
		获取无人机推流参数
		关闭无人机视频
	机场视频	获取机场视频流
		配置机场视频流
		获取机场视频流
		关闭机场视频

续表

类别	一级接口	二级接口
遥测接口	遥测接口	机场实时状态
		无人机实时状态
		机场实时状态
		任务状态
		事件提示推送
		实时气象数据
站点管理	站点管理	新增站点信息
		查询站点信息
		根据站点编号查询站点的详细信息
		根据站点编号更新站点信息
		根据站点编号删除站点信息

参考文献

[1] 宋晨晖，程子啸.行业应用场景下无人机无人值守自动起降机场的设计[J].
机电工程技术，2022，51（9）:208-211.

[2] 安红恩，杨少沛，许强.无人机空中充电智能系统研究[J].信息记录材料，
2022，23（5）:18-20.

[3] 王雅超.无人机飞行控制与管理[J].设备管理与维修，2018（24）:31-33.

[4] 孙健，倪训友.无人机国内外发展态势及前沿技术动向[J].科技导报，
2017，35（9）:109.

[5] Edelman H, Stenroos J, Peña Queralta J, et al. Analysis of airportdesign for introducing
infrastructure for autonomous drones[J].Facilities, 2023, 41（15/16）:85-100.

[6] 中通无人机团队.物流无人机的发展与应用[J].物流技术与应用，2019，
24（2）:110-114.

[7] 曾伟，李德龙.无人机在地理国情应急监测中的应用探讨[J].地理信息世
界，2013（5）:84-88.

[8] Restas A. Drone applications for supporting disaster management[J]. World
Journal of Engineering and Technology, 2015, 3（3）:316-321.

[9] Urbahs A, Jonaite I. Features of the use of unmanned aerial vehicles for
agriculture applications[J]. Aviation, 2013, 17（4）:170-175.

[10] Hasan K M, Newaz S H S, Ahsan M S. Design and development of an aircrafttype
portable drone for surveillance and disaster management[J].International Journal of
Intelligent Unmanned Systems, 2018, 6（3）:147-159.

[11] 周毅.通过数字化技术助力智慧机场建设的探究[J].中国新通信，2020，
22（6）:71.

[12] 彭向阳，陈驰，饶章权，等.基于无人机多传感器数据采集的电力线路
安全巡检及智能诊断[J].高电压技术，2015，41（1）:159-166.

[13] 彭向阳，易琳，钱金菊，等.大型无人直升机电力线路巡检系统实用化[J].高电压技术，2020，46（2）:384-396.

[14] 林旭鸣.架空输电线路无人机巡检技术研究进展[J].电力设备管理，2021（5）:27-28.

[15] Deng C，Wang S，Huang Z，et al. Unmanned aerial vehicles for power line inspection: a cooperative way in platforms and communications[J]. J. Commun.，2014，9（9）: 687-692.

[16] 温立文，李芳芳.无人机在电力线路工程勘测设计中的应用研究[J].科技资讯，2017，15（27）:59-60.

[17] 隋宇，宁平凡，牛萍娟，等.面向架空输电线路的挂载无人机电力巡检技术研究综述[J].电网技术，2021，45（9）:3636-3648.

[18] Ollero A，Suarez A，Papaioannidis C，et al. AERIAL-CORE: AI-powered aerial robots for inspection and maintenance of electrical power Infrastructures[J]. arXiv preprint arXiv:2401.02343，2024.

[19] 张鸥，徐强胜，刘靖波，等.无人机巡检图像电力小部件识别技术研究[J].科技创新导报，2019，16（14）:110-112.

[20] 莫兴丹，周彬，刘晓燕，等.基于Thevenin模型的无人机电池续航能力的估算方法[J].科技视界，2020（6）:199-202.

[21] 涂苏格，陈洁，余艺娟，等.高海拔地区无人机巡检系统技术条件研究[J].湖北电力，2020，44（6）:75-80.

[22] 刘文，陆小锋，毛建华，等.基于机载计算机的无人机智能巡检方案[J].计算机测量与控制，2022，30（7）:181-186.

[23] 陈海华，杨磊，陈凤翔，等.全时效巡检无人机的研究与应用[J].科技创新与应用，2021，11（20）:164-166.

[24] 成都天府新区光启未来技术研究院.无人机电池的更换系统及无人机:CN201621331829.0[P]. 2017-06-06.

[25] 张东明，袁钟达，任哲，等.一种巡检无人机能量转换及管理系统[J].中国新技术新产品，2020（8）:28-30.

[26] Tariq A，Osama S M，Gillani A.Development of a low cost and light weight uav

for photogrammetry and precision land mapping using aerial imagery[C]//2016 International Conference on Frontiers of Information Technology（FIT）. IEEE, 2016: 360–364.

[27] 曲达. 小型多旋翼无人机在架空输电线路巡检应用探索[J]. 通信电源技术，2020，37（6）:281–282.

[28] 李伟，唐伶俐，吴昊昊，等.轻小型无人机载激光雷达系统研制及电力巡线应用[J].遥感技术与应用，2019，34（2）:269–274.

[29] 李高磊，高扬，郭钒，等. 大型无人机机场选址方法[J]. 科学技术与工程，2022，22（17）:7212–7219.

[30] 杨睿，赵梓杰，兰天翔，等.一种无人机自动换电系统的设计[J]. 机械工程与自动化，2022（5）:189–191.

[31] 蔡春伟，姜龙云，陈轶，等.基于正交式磁结构及原边功率控制的无人机无线充电系统[J]. 电工技术学报，2021，36（17）:3675–3684.

[32] 武帅，蔡春伟，陈轶，等.多旋翼无人机无线充电技术研究进展与发展趋势[J]. 电工技术学报，2022，37（3）:555–565.

[33] 黄郑，王红星，王成亮，等.一种适用于无人机的无线充电系统[J]. 电力电子技术，2020，54（9）:51–53.

[34] Choi S K, Kuk T S, Moon J H, et al. The development of flight control system for the close range surveillance UAV[J]. IFAC Proceedings Volumes，2007，40（7）: 456–460.

[35] Zheng X，Su Z，Wang C. Structural design and analysis of an airborne equipment[C]//Journal of Physics:Conference Series. IOP Publishing，2023，2437（1）: 012085.

[36] 成爽. 基于边缘计算的无人机多目标任务调度群智能优化方法[D]. 江苏：南京邮电大学，2022.

[37] Hayat S，Jung R，Hellwagner H，et al. Edge computing in 5G for drone navigation: What to offload?[J]. IEEE Robotics and Automation Letters，2021，6（2）: 2571–2578.

[38] 肖强，朱玉祜，杨丙泉. 插件式无人机任务规划软件框架设计[J]. 电光与

控制，2014（12）:94–97.

[39] 刘俊伟，陈鹏飞，鹿明，等.面向高分卫星遥感共性产品真实性检验的无人机空港布局[J].地理学报，2021，76（11）:2621–2631.

[40] Viet P Q, Romero D. Aerial base station placement: a gentle introduction[J]. arXiv preprint arXiv:2110.01399, 2021.

[41] Park J Y, Kim S T, Lee J K, et al.Method of operating a GIS-based autopilot drone to inspect ultrahigh voltage power lines and its field tests[J]. Journal of Field Robotics, 2020, 37（3）: 345–361.

[42] Satici A C, Peterson A, Chiasson J, et al. Controlling UAVs by sensing the electric or the magnetic field around power lines[J]. IEEE Control Systems Letters, 2023, 7: 3477–3482.

[43] Gonzalez A, Davidson A, Rubio-Medrano C.Poster: No Fly-Zone: Drone Policies for Ensuring Safe Operations in Restricted Areas [C]//Proceedings of the Twenty-fourth International Symposium on Theory, Algorithmic Foundations, and Protocol Design for Mobile Networks and Mobile Computing.2023: 586–588.

[44] 徐海奇，吕翠芳，田壁源，等.无人机自主巡检在变电站中的应用研究[J].机电信息，2021（26）:30–31.

[45] 高旭东，张军朝，张建，等.无人机电力线路巡检安全距离测量新方法[J].现代电子技术，2020，43（5）:146–149，154.

[46] 张西虎，王鑫.一种新型无人机地面起动供电测试系统设计[J].自动化技术与应用，2017，36（7）:124–127.

[47] 王伟，周勇，王峰，等.基于气压高度计的多旋翼飞行器高度控制[C]//第七届全国技术过程故障诊断与安全性学术会议论文集.2011:614–617.

[48] 赵立峰，张凯，王伟.多旋翼无人机位置控制系统设计[J].计算机测量与控制，2016，24（3）:84–87.

[49] Ruangwiset A. Automatic altitude control of multirotor aircraft with consideration of motion[C]//2019 First International Symposium on Instrumentation, Control, Artificial Intelligence, and Robotics（ICA-SYMP）. IEEE, 2019: 65–68.

[50] Priambodo A S, Arifin F, Nasuha A, et al. A vision and gps based system for autonomous precision vertical landing of UAV quadcopter [C]//Journal of Physics:Conference Series. IOP Publishing, 2022, 2406（1）: 012004.

[51] 张伟, 马珺. 一种面向移动平台的无人机自主降落控制方法[J]. 计算机仿真, 2020, 37（2）:92-96.

[52] 沈国辉, 李保珲, 郭勇, 等. 输电塔扭转响应和扭转等效风荷载的计算方法[J].浙江大学学报（工学版）, 2022, 56（3）:579-589.

[53] Kim H, Maeng J, Park I, et al. A 90.2% peak efficiency multi-input single-inductor multi-output energy harvesting interface with double-conversion rejection technique and buck-based dual-conversion mode[J]. IEEE Journal of Solid-State Circuits, 2020, 56（3）: 961-971.

[54] Wasim M S, Habib S, Amjad M, et al. Battery-ultracapacitor hybrid energy storage system to increase battery life under pulse loads[J]. IEEE Access, 2022, 10: 62173-62182.

[55] 黄武靖, 张宁, 董瑞彪, 等. 多能源网络与能量枢纽联合规划方法[J]. 中国电机工程学报, 2018, 38（18）:5425-5437.

[56] Banaei M R, Bonab H A F. A novel structure for single-switch nonisolated transformerless buckboost DC‐DC converter[J]. IEEE Transactions on Industrial Electronics, 2016, 64（1）: 198-205.

[57] Amin A, Shousha M, Prodić A, et al.A transformerless dual active half-bridge DC-DC converter for point-of-load power supplies[C]//2015 IEEE Energy Conversion Congress and Exposition（ECCE）. IEEE, 2015: 133-140.

[58] Sasongko R A, Mulyanto T, Wijaya A H. The development of an autonomous control system for a small UAV: Waypoints following system[C]//2009 7th Asian Control Conference. IEEE, 2009: 308-313.

[59] 胡中华, 赵敏, 姚敏. 无人机三维航路规划技术研究及发展趋势[J]. 计测技术, 2009, 29（6）:6-9.

[60] 郭衍雯. 电网设备运维服务的网格化管理模式研究[D]. 上海:复旦大学, 2013. DOI:10.7666/d.Y2863910.

[61] 王峰，杨利波，杨嘉妮，等. 基于5G与北斗的输电线路无人机车载智能移动巡检系统设计[J]. 中国测试，2023，49（12）:87–93.

[62] Taqi A，Beryozkina S. Overhead transmission line thermographic inspection using a drone[C]//2019 IEEE 10th GCC Conference & Exhibition（GCC）. IEEE, 2019: 1–6.

[63] 赵晓鹏，郭威. 无人机图像的输电线异物检测方法研究[J]. 太原科技大学学报，2021，42（02）:104–108.

[64] Korecki Z，Janošek M，Pecháček T. Use of unmanned aerial systems in airport operations[C]//2021 International Conference on Military Technologies（ICMT）. IEEE, 2021: 1–8.

[65] Ayhan B，Kwan C，Um Y B，et al. Semi–automated emergency landing site selection approach for UAVs[J]. IEEE Transactions on Aerospace and Electronic Systems，2018，55（4）:1892–1906.

[66] Tran H D，Tran T H，Nguyen Q D，et al. A multiple marker design for precision and redundant visual landing in drone Delivery [C]//2023 12th International Conference on Control，Automation and Information Sciences（ICCAIS）. IEEE, 2023: 127–132.

[67] 肖峻，张苗苗，司超然，等. 配电网的供电能力分布[J]. 电网技术，2017，41（10）:3326–3332.

[68] 邵瑰玮，刘壮，付晶，等. 架空输电线路无人机巡检技术研究进展[J]. 高电压技术，2020，46（01）:14–22.

[69] 邵瑰玮，刘壮，付晶，等. 架空输电线路无人机巡检技术研究进展[J]. 高电压技术，2020，46（01）:14–22.

[70] Umunnakwe A，Davis K. An optimization of UAV–based remote monitoring for improving wildfire response in power Systems[J]. IEEE Open Access Journal of Power and Energy，2023，10: 678–688.

[71] Morando L，Recchiuto C T，Calla J，et al. Thermal and visual tracking of photovoltaic plants for autonomous UAV inspection[J]. Drones，2022，6（11）: 347.

[72] 焦嵩鸣，白健鹏，首云锋. 风机叶片精准巡视的无人机控制策略研究[J].

中国电机工程学报，2023，43（10）:3822-3831.

[73] 徐舒玮，邱才明，张东霞，等. 基于深度学习的输电线路故障类型辨识[J]. 中国电机工程学报，2019，39（1）:65-74.

[74] He K, Zhang X, Ren S, et al. Deep residual learning for image recognition[C]// Proceedings of the IEEE conference on computer vision and pattern recognition. 2016: 770-77.

[75] 韩昊，金哲，李小来，等. 无人机混编机场的架空线路自动巡检研究[J]. 电子测试，2022，36（14）:34-35.

[76] 丁水汀，鲍梦瑶，杜发荣. 无人机系统适航与安全性分析方法[J]. 航空动力学报，2012，27（01）:233-240.

[77] Nayhouse S, Chadha S, Hourican P, et al. A general framework for human-drone interaction under limited on-board sensing [C]//2023 Systems and Information Engineering Design Symposium（SIEDS）. IEEE, 2023: 308-313.

[78] Liu C, Shen S. An augmented reality interaction interface for autonomous drone[C] //2020 IEEE/RSJ International Conference on Intelligent Robots and Systems（IROS）. IEEE, 2020: 11419-11424.

[79] Sehad N, Tu X, Rajasekaran A, et al. Towards enabling reliable immersive teleoperation through digital twin: a UAV command and control use case[C]// GLOBECOM 2023-2023 IEEE Global Communications Conference. IEEE, 2023: 6420-6425.

[80] Tezza D, Andujar M. The state-of-the-art of human-drone interaction: a survey[J]. ieee access, 2019, 7: 167438-167454.

[81] 韩昊，金哲，李小来，等. 无人机混编机场的架空线路自动巡检研究[J]. 电子测试，2022（14）:34-35，87.

[82] 卢成阳，王文格. 复杂城市环境下无人机三维路径规划[J]. 计算机系统应用，2022，31（5）:184-194.

[83] 韩乐. 基于城市人群稠密区域聚类的无人机安全飞行轨迹研究与设计[D]. 山东财经大学，2017. DOI:10.7666/d.D01218431.

[84] 朱元军，李妍，高子昂，等. 可接受风险水平下城市空域无人机路径规划方法研究综述[J]. 西华大学学报（自然科学版），2022，41（1）:7-12.